场所设计

[日] 槙文彦 三谷彻 编著

覃 力 译

中国建筑工业出版社

著作权合同登记图字：01-2012-0898 号

图书在版编目（CIP）数据

场所设计 /（日）槇文彦等编著；覃力译 . —北京：中国建筑工业
出版社，2013.5

ISBN 978-7-112-15317-6

Ⅰ.①场… Ⅱ.①槇… ②覃… Ⅲ.①景观－环境设计 Ⅳ.①TU-856

中国版本图书馆 CIP 数据核字（2013）第 063872 号

Japanese title: Ba no Dezain
by Fumihiko Maki & Toru Mitani
Copyright © 2011 by Fumihiko Maki & Toru Mitani
Original Japanese edition published by SHOKOKUSHA Publishing Co., Ltd.,
Tokyo, Japan

本书由日本彰国社授权翻译出版

责任编辑：白玉美　刘文昕
责任设计：董建平
责任校对：陈晶晶　赵　颖

场所设计

[日] 槇文彦　三谷彻　编著
　　覃　力　译

*

中国建筑工业出版社出版、发行（北京西郊百万庄）
各地新华书店、建筑书店经销
华鲁印联（北京）科贸有限公司制版
北京中科印刷有限公司印刷

*

开本：787×1092毫米　1/20　印张：10　字数：200千字
2014年1月第一版　　2014年1月第一次印刷
定价：**45.00**元
ISBN　978-7-112-15317-6
　　　　　　（23411）

场所设计

前 言
与景观建筑师相会

大约在60年前，我在哈佛大学设计学院（GSD）攻读硕士，设计学院由建筑、城市规划和景观三个专业构成。当时，景观设计专业只有一两个女生，而现在，女生已占了大半。硕士课程的最后课题，是三个专业一起做城市开发设计，由我担任三个专业的总负责，这是我作为建筑师所遇到的，第一个与景观设计师协同工作的项目。

1960年，学院设置了新专业——城市设计专业。在加入新专业的教授阵容中，遇到了景观设计系的创始人，日裔美国人佐佐木。有一个很有意思的故事，哈佛大学城市设计专业的教师和学生，都来自世界各地，有一天开教授会的时候，居然只有佐佐木是唯一在美国出生的人，这件事一直被传为有趣的笑谈。

佐佐木的设计事务所人才辈出，其中现在活跃在美国景观设计界第一线的，就有彼得·沃克（Peter Walker）、迈克尔·R·范·瓦肯伯格（Michael R. Van Valkenburgh）等人。

另外，我还是学生时，第一次听到生态学这个词，而生态学有人类生态学和植物生态学之分，景观设计师主要与后者关系密切。但是1960年代，宾夕法尼亚大学的伊恩·L·麦克哈格（Ian L. McHarg），提出了与现代概念相近的广义生态学，与他的著作《设计结合自然》齐名。1970年代初，我与他在澳大利亚的悉尼国际会议上见面，他那充满热情、机关枪式的讲演，给我留下了深刻的印象。

回国后，在东京开设事务所的最初20年里，事务所还真接过一些景观设计，小庭院、屋顶花园，以及丰田宾馆的水景等，都是像在美国一样，与景观建筑师配合一起做设计。真正把景观设计作为独立专业来对待的，是1992年完成的美国旧金山艺术中心。我被他们设计图纸的工作量所震惊，也就是这个时候，景观设计在美国，已经从建筑学中独立出来了。

我与三谷彻相识，那还是1980年代我在东京大学建筑学科任教的时候。当时他在香山研究室，设计作业非常感性。后来他去哈佛大学读景观设计硕士，从槙研究室出来的登板诚，也与他同时进入哈佛大学的景观设计专业，二人共同跟随彼得·沃克学习。现在，三谷组织了自己的事务所，登板则在大型景观设计机构中工作。

我和三谷第一个合作项目，是慕尼黑郊外的叫做伊萨尔比罗花园（Isar Büro Park）的办公建筑群的竞赛，因为他是个有海外设计经验的年轻人，所以我请他参加我们的设计。此后从YKK R&D中心、风之丘葬祭场等项目开始，直到现在，我们都一直与他合作。工作期间，我们有许多很有意思的对话，我提议将这些整理出版，于是便有了这本书。

通过我与三谷的对话，大家可以看到，建筑师与景观设计师，对场所、空间、自然，以至于内外空间的界面处理等，有着完全不同的思考方法。我与三谷看法上最大的差别即是"时间"概念的不同。建筑经过时间的考验会老朽，甚至被废弃、拆除，而景观却随着四季更替不断地变化，并不存在被废弃的情况。

三谷认为自然比人类更宏大，景观当然受自然和时间的支配，而建筑空间则受人的行为支配，所以建筑与景观便会以不同的形态来对待自然、人和时间，这就会产生新的思考和交流。

最近，把建筑外观也作为景观的一部分来处理的建筑开始出现，届时，我们将在对话中交换各自的看法，思考这些新问题。

槙文彦

目录

I

场所情结

对话：槙文彦　三谷彻

建筑师槙文彦与景观设计师三谷彻的合作，始于1992年的德国竞赛，此后在很多实际工程中都有过项目合作。实际上，很多时候是在设计中学习。这不仅仅是有关景观设计的基本思考方法，而且，还会往返于现场，修改许多错误的设计，甚至，后来的一些想法，最终又回到了当初的设想。两人的对话以合作项目为核心，从对当初设想的修改提问开始，以建筑师的眼光和景观设计师的眼光不同的角度，去回味过去的各种记忆。两位还结合建筑和景观，对创造城市等更加广阔的领域中的"场所"进行了探讨。

研读场地

三谷　槙先生最早的项目德国伊萨尔比罗花园，当初竞赛开始募集是1992年，槙先生当时怎么会想到，建筑师要与景观设计师合作呢。

槙　伊萨尔比罗花园是慕尼黑近郊的一个很大的开发项目，就像你知道的那样，B

计划[*1]对建筑形态、高度，以及其他细节都作了规定。最有特点的是地面上不允许停靠任何机动车，停车问题全部在地下车库里解决。这样一来，场地的景观设计就变得非常重要了，所以才请三谷先生加盟。

我还是孩子的时候，就听说过德国南部的黑森林。森林是该地域最著名的自然景观。这片由浓密森林形成地平线的画面，明确地表达出了景观概念，三谷先生设计的景观就

伊萨尔比罗花园
从绿化平台眺望远方的伊萨尔河与田野。

是从森林得到了启发。

三谷　我以前就知道槙文彦先生对这些照片非常用心，我们看到的森林作为背景这件事，是我今天才知道，实际上，我也对这些照片非常用心，与槙先生不同的是，我把森林前面的田野和建设用地一起照了下来。

第一次去建设用地的时候，我一直注视着田野的模样。此后，在与慕尼黑市政府的人交谈中了解到，伊萨尔河发洪水时，会将地表土切割成一条一条的，田野中的地表肌理，是在人与自然的斗争中形成的。所以，那时候我就想，在设计中要把这些表现出来。

当我在构思田野地表肌理形态的时候，

建筑这边的概念构思平面已经出来了，我的设想与槙先生的设计，不可思议地一致。了解到这些以后，我便认为，今后会有一个很好的设计。建筑这边的模型与我们这边的景观设计图纸，既各自独立又相互关照，很顺利地在同时进行设计。

槙　就设计推进方式而言，"风之丘"（风之丘葬祭场、大分县中津市、1997年）也是以这种方式进行设计的，"名取文化会馆"（名取市文化会馆、宫城县名取市、1997年）也是一样。那也就是说，建筑和景观都是一起进行设计。

三谷　有各种各样的情况，"风之丘"是先确定了椭圆形的地景艺术[*2]形态，建筑设计进展得很慢。

11

---

*1　B计划
第二次世界大战以后，德国城市规划制度（Behauungsplan）的简称，其特点是对道路、基础设施及地面上的建筑形态等，进行一体化的规划和控制。在对建筑设计的自由度有所控制的同时，对形成井然有序的街道景观十分有效。

*2　地景艺术（景观）
1960年以后，以美国为中心出现的雕塑艺术运动，大多数作品在美国西部广阔的原野之上，被称为大地景观艺术，是环境艺术的先驱。

奥之柱

槙　我想，你比我的记忆力要好。

景观构思时，与今天谈到的用地的自然条件相比，更本质的是与设计者心目中的"原风景"有关。

就在我们建筑师谈论风景话题的时候，评论家奥野健男写了一本名为《文学的原风景》（集英社1972年出版、增补版1989年）的书，给我留下了深刻的印象。这本书对东京出生、东京长大的人，心目中的原风景是如何建立的，用文字表述了出来。奥野先生和我是同时代在东京山手地区出生的，我小时候就住在那附近，与奥野先生有着共同的心目中的原风景。奥野先生小时候感受到的东京的原风景，是下町的街道，以及山手的原野。那时候的原野有许多空地，小孩子在那里什么都可以做，我们经常在那里打棒球。奥野先生所说的"原风景"，我想实际上，就是儿童时期存留下来的心目中的风景，这些对以后精神结构的形成产生了深刻的影响。这不仅给建筑师，同时也给文学工作者以很大的冲击。

三谷　"原风景"一词，出现在1985年"TOKYO FORM & SPIRIT 展"中，展出的7根柱。当时我还是学生，按照槙先生的说法，对"奥之柱"进行了研究。那大概是与槙先生就景观问题的第一次相遇。

槙　那时正好我们刚刚出版了一本有关

12

⬤ **伊萨尔比罗花园**

所在地：Am Sördnermoos/Lilientha-Israsse、Hallbergmoos、Lande-skreis Freising、F. R. Germany

主要用途：办公楼

■**设计**

[建筑]

槙综合计画事务所＋SCHMIDT-SHICKETANZ UND PARTNER

主持/槙文彦、水井敬

方案设计/蜂谷俊雄、龟本Gary、池田昭子、横田典雄、Lawrence Mattot、Ulrike Liebl、渡边邦夫（SDG结构设计集团）、大桥治夫（综合设备计画）

实施设计/Otto Bertermann、Eberhard Steine-rt、Bettina Hamann、Gabi Se-lgrath、Martin Pitzke、Eva Neumeyer、Renate Pfanzelt、Omar Guebel、Sigrid Kunzmann、JurgenMrosko、Gebhard Weibenhorn、水岛信

[结构]

SOHMMITT-STUMP & FRÜHAUF

Rainer Briehl Peter、Radl Peter Voland

[景观]

佐佐木景观设计事务所＋CORDES & PARTNAR

三谷彻 Andreas Hautum

■**规模**

用地面积　　38274m²

建筑面积　　14357m²

总建筑面积　68366m²

■**工程**

设计时间　1990年1月~1995年5月

施工时间　1991年11月~1995年5月

场・所・设・计

伊萨尔比罗花园全景
栽植枫树形成了绿化带。其中设置了戏水池。以地下停车场为主体构造，在此平台上修建办公楼，能防止水灾时的浸水损失。建筑具有街区型办公楼的分布形式，又有庭园型办公楼的露台形式，中庭里踏脚石的铺设与周边田地的方块划分图形相互映衬。

14

地形　　　　　旧聚落　　　　　水系　　　　　现存绿地

新机场位置　　　开发轴　　　　　地面肌理　　　　ARMS OF ISAR

绿带　　　　　公共设施　　　　　天井与回廊　　　街区构成

停车场　　　　办公通道　　　　办公楼布置　　　建设工程

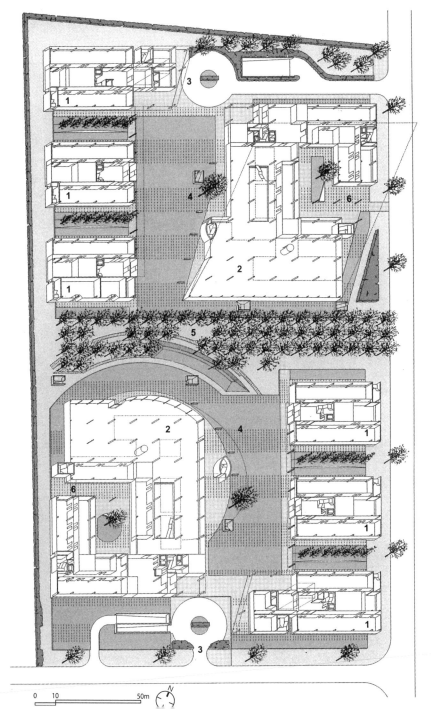

伊萨尔比罗花园

14页上2段：从环境特征出发的地区规划形态。

　　南北走向的河流与水网，东西向细长的耕地划分，防风林带，越向北越倾斜，地下水上升形成的地表形态。新区开发的平面也应该顺应这种地表形态，同时与旧聚落的轴线保持有机的连续性。取名为ARMS OF ISAR的绿带，东西分割的象征性地面肌理，形成伊萨尔河畔的树林与聚落。开发后，旧聚落、农耕地、河边林带，在新时代产生新的关系。

14页下2段：从建筑形态渐变成景观的连续形态。

　　平行布置的大树，与人车分离的交通组织相结合，各办公楼街区的正面，与侧面的绿化公共空间反转配置。其间各种大小办公楼穿插布置。这种形式使街区的自由扩张成为可能，同时也是周边农耕地肌理的一种反映，新开发计划使风景空间和时间的连续性得到了恢复。

1　街区型办公楼
2　围合型办公楼
3　地下停车场入口
4　草坪
5　景观回廊
6　中庭

0　10　　　　　50m　N

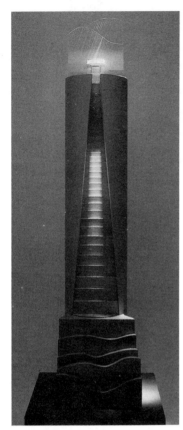

奥之柱

Tokyo Form and Spirit 展览会中，展出的7根柱中的1根"奥之柱"["Design Quarterly 134"（Japan from the inside），Walker Art Center and Massa-chusetts Institute of Technology, 1986]。表现出直通山门云雾缭绕的台阶，以及到达顶部所看到的山门背后的山和雨。象征着湿润气候条件下日本的原风景。

"奥"的思想的书（《看不见的城市》，鹿岛出版会1980年出版），可能当时正在考虑，柱子中反映出了什么样的"奥"的形态。

三谷 我感觉"奥之柱"是日本风景的原型，在台阶上立一根立柱，再将台阶上方的立柱切开，形成鸟居一样的东西，其后表现出山和雨。当时，槙先生做的"奥之柱"，我记得，是希望在鸟居的背后，表现出山和雨，在台阶的下面，表现水田。

槙 日本与巴洛克一样，视线一直都是分散的，更希望看到回游性、连续性的东西。比如在浮世绘中，我们看到的池上本愿寺的神社。同样，如果看一下出云大舍，古代6世纪前后建造的神殿，也是拾阶直上即是目的地神殿。这是将我们内心深处存在的这些东西，怎样在国外，形象化地表现出来我们考虑之后做成那样的。本来，不管怎么说，日本都没有塔的文化，而水平的东西很多。反过来，如果将水平的东西立起来，又能看到些什么呢？我记得是这个念头，使我在7根柱子和塔的中间，设置了各种各样的命题。

三谷　这里，给我内心震撼的"奥之柱"，其实是考虑了日本风景原型的柱。在我们参与设计的"出云博物馆"（岛根县立古代出云历史博物馆，岛根县出云市，2006年）中，也展示了出云大社的大台阶复原模型，登上台阶，出云大社及其背后的山峦尽收眼底，这就是大台阶的意义所在。

情景的构思化

槙　正好这是个好机会，我想跟三谷先生了解一下，在景观设计方案以及实际工程项目中，有没有，从自身在空间中步行体验的角度出发进行探讨的，刚才谈到原风景的设想的同时，设计中是否还存在着体验性一类的影响因素。

我考虑的所谓"情景的构思化"，就是从自己在场所中所看到的周边情景的视点出发，来进行设计的。

三谷　这里的重点怎么说呢，yes·and·no。步行体验的视点，其实也有经验的成分，人们对没有预想的空间展现，也许会有期待的心情。在这种情况下，我想设计人会有"情景的"和"观念的"两种思考方法。比如，多数设计者，内心原本就存在着形而上的空间概念，槙先生也是这两种情况都有吧。

槙　我的情况是，一般而论，实际情况就像谈话中所说的那样。

例如，欧洲的外部空间，无论从哪方面说，形式感都很优越。阿尔多·罗西就是很好的例子。建筑也好，景观也好，我认为与经验相比，历史传统形式的影响更大。

与此相比，我们设计的"代官山"（代官山集合住宅，东京都涩谷区，1969~1992年）即是这个方面的实例。为了使到访公共空间的人们，能有各种各样的体验，我们做了一些开放空间。那里是江户时代形成的尾根道，街道两侧的建筑非常密集。

三谷　代官山原来是三田水道的交汇地，我见过代官山项目开始时的照片，好像瓦屋顶的房屋非常多。

槙　是这样，当时的街景非常安静，街的两侧都是坡度很大的瓦屋顶建筑。墙垣非常漂亮，建筑物都退到墙垣的后面，与现在日本建筑物都紧临街道而建的情况大不相同。我们对当时代官山的街道建筑景色比较熟悉，而现在，来代官山建设的人则没有这种记忆。

作为建筑师考虑景观设计时，必然会受到记忆中风景的影响，因此在确定外部空间的尺度时，对这些就非常慎重。在欧洲的城市中，这也是阿尔多·罗西之所以采用明快的造型形态的原因吧。

三谷　如果说西洋的所谓形而上的形式，是形态设计的关键的话，我认为，槙先生的代官山街景处理方法，则给人感觉是态度和做法。

槙　是吗，我强烈地感受到，内部能看到些什么，便尽量做些转角入口，这样人们的视线在看到内部的同时，也看到了街道两侧的

代官山集合住宅室外活动空间
左：室外庭园一角，通过建筑群体的
造型，丰富的植物种植，建筑内部空
间与外部空间形成一种有机的关系。
右：保留下来的传统建筑"猿乐堂"，
承载着土地过去的记忆，表现出城市
空间的丰富性。

风景。与简单的正面进入建筑的方式相比，同时看到左右两侧的庭院比看到庭院的一部分更重要。与此相反，欧洲的街道景观，不论怎么说，人进入建筑时，是与街道成90°角的，总之，是背对着街道从正面进入的形式。

其次，我对树木的效果也很重视，实际上，我们保留了一些树木，也重新种植了一些树木。"代官山"第一期转角广场上，种植了树木，形成了广场的特色。第四期的公共广场，对着行道树，也种植了很多树木，希望使之形成空间的转折。

这样说来，转角入口的倾斜、树木的作用、空间转折的形成等，都是经过长时间的反复研究，花了很多工夫的。

三谷 对场所来说，局部的设计，比从空中俯瞰看到的形态更加重要，我们看到的这些，是由一个个不同形式构成的整体。

槙 所以，这个所谓的形式，是个非常个人化的东西。如果代官山项目请30个人来做的话，肯定会有30个不同的设计方案，而每个方案的形式都会不一样。如果只看形式的话，那它便是根植于人们内心深处所固有的形态。

三谷 槙先生比较了解代官山过去的尾根街，比起现场所感受到的特征来说，可能槙先生心目中的原风景影响更大。与槙先生设计的代官山无关，也许，我们看到的那些形而上的手法，不一定是与场所有关系的设计。

这里还有一点需要说明的是，在景观设

计中，强调场所特征的思考方法很强烈的情况下，有时候也想自由发挥一下。

当然，如果说到空间创造的话，场所特征也好，设计人自身的原风景也好，都不重要，我认为最关键的，还是要在设计的过程中下功夫。

现在，我们解读的槙先生的代官山，树木的多层次也好，建筑入口的偏转也罢，都属于开发空间设计的问题。在代官山项目开始前，槙先生的心目中，肯定已经确定了整体造型，是不是这样啊？

槙 刚才谈到的代官山转角入口、场所的曲折性，以及空间中设置的屏障等，都是我经常惯用的设计手法，也可能就是三谷先生所说的观念性的操作。再进一步的话，自

主性的东西也有，但是，这些都不是一开始就确定下来的。

在思考的过程中，我也希望以某种方法，使工作能够顺利地进行下去，这即是我所说的情景构思，在某种想法得到强化之后，我们现在所说的那些东西，便凸显出来了。

三谷先生所说的形而上学的表现，也有少许的引用，我所说的代官山的场所特征，以及自身经验的积累等，这时便会脱颖而出。当然，这并不是建筑与景观设计的全部，不过大家也明白，这些会使整个设计更有意思。

讲述"情景构思"的槙文彦，谈到了对环境的关心，在想象着建筑空间的同时，对

置身于该场所中的人问道:"你感觉怎么样"?三谷回答说"希望是没有人为破坏的自然"。这是超越了建筑师及普通人,与一心向往着自然的景观设计师的对话,这种人与空间的关系,使建筑更贴近绿化。与否认建筑与绿化一体化的三谷相对,槙文彦提出,绿化与建筑的一体化,是日本传统住宅的设计方法。

形态与生态学

槙 现在设计出来的形态,也有景观设计师方面的问题。你在美国时,也讨论过以前心目中的景象与形式主义的东西吧。

三谷 1970~80年代的时候,针对景观的文化价值,建筑界展开过讨论。但是,景观方面当时在做什么呢? 我想好像是比较关注环境保护、绿地规划、生态学等。

槙 今天生态学这个词已经非常普通了,我去哈佛大学比你早,是1950年代初期的事情了,那时候就有生态学这个词了。在"人类生态学"、"植物生态学"中使用,当时景观设计师说的生态学,大概与植物生态学相近吧。

但是,人类生态学怎么说,也是与文化人类学、城市社会学相关的东西吧。有关人类、现实社会的生态,直至居住、工作、生活、余暇等生态情况的调查一类的东西。例如,文化人类学者列维-斯特劳斯,曾去未开化的社会,调查那里的生态状况。我当时也对人类生态学很感兴趣,在设计建筑空间时,我会想象在空间中的人对建筑空间的感受。当然也会制作模型，在实际图纸的绘制中，考虑什么样的人进入空间，甚至是周边人流的行动轨迹，进而思考什么地方适合开大的出入口，什么地方适合设玻璃窗。在进行建筑设计时，我总是这样反复地思考。

另外，景观设计需要从更加广阔的外部空间中汲取要素，而我只是从建筑的角度出发考虑问题，三谷先生有没有从人类生态学的角度出发，去进行景观设计的情况？是怎样考虑的？

三谷　对我们而言，不如说是反人类的。我们在考虑人的需要之前，首先要想到的是自然，这是景观设计中最重要的。这样说的话，我可能更加憧憬没有人类的自然。伊萨尔比罗花园的伊萨尔河洪水、"风之丘"的超

越个人尺度的时间的长度，这些东西之间有着什么样的联系，其中也有凌驾于人们的设想之上的东西。

槙　建筑也是这样，就像实际看到的那样，最初下功夫的情况也有，景观的情况更是如此吧。

三谷　是这样，我认为比建筑还有过之。极端的话，树在生长的过程中，会发生很大的变化，水也很可能并不会按照人们预想的方向流淌，所以，还是有自然因素的。

"筑波研究所"（筑波研究所，茨城县筑波市，1993年）项目中，槙先生在咖啡吧前面设计的水池就是这样。水池的位置确定以后，设想它可以向咖啡吧屋顶反射光影。但是，竣工后偶尔经过咖啡吧时，却发现有由右

筑波研究所
咖啡吧前面水池的落差，实现了均质静态水流的效果，但是，风会使水面产生波动和水声。

25页：轴测图
本页上：中庭中的树阵
本页下：中庭夜景

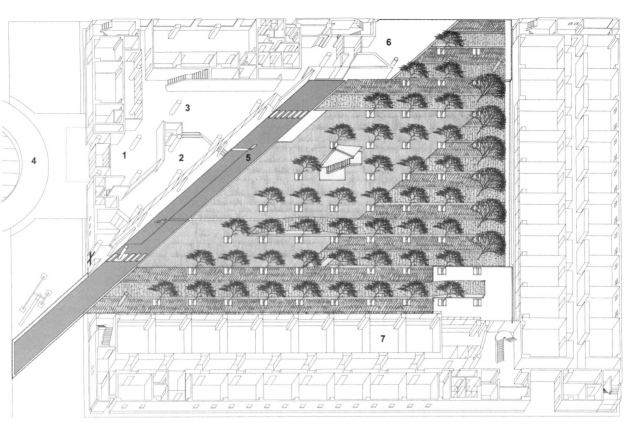

● 筑波社区中心筑波研究所

所在地：茨城县筑波市大久保B

主要用途：研究所

■设计

[建筑]

槙综合计画事务所

槙文彦，福永知义，泽冈清秀，

宫本繁和，田中耕一，仲田康雄

[结构]

青木繁研究室

青木繁，牧野里美，志村胜己

[景观]

佐佐木景观设计事务所

三谷彻，铃木裕治，浜田康裕

■规模

用地面积：4837405m²

建筑面积：681300m²

总建筑面积：2079165m²

■用地性质

工业专用地域

■工程

设计时间：1990年8月~1991年7月

施工时间：1991年9月~1993年3月

1　入口
2　咖啡吧
3　大堂
4　停车位
5　水池
6　活动空间
7　研究大楼

I

场
所
情
结

向左的哗啦哗啦的流水声。再仔细看，原本希望能够反射光影的静静的水面，在微风的吹动下，会随着风的韵律舞动起来。这样，水面的波动，就把风的速度反映出来了，人们预想的设计，常常会因为其他原因而发生变化，所以我认为，自然的力量是非常强大的。

这样的经验积累多了以后，便觉得怎样在设计中考虑自然的律动非常重要。我想设计中应该保持开放的心态，要能够接受意想不到的、偶然性的东西。在此之前，几个人一起写了本面向大学生的教科书，用"以自然中的树木为形态"作为景观形态一章的标题，这表明，我是抱着一种开放的心态的。

槙　此前你说的"无人"的境界，是考虑即使没有人，自然也会依旧存在吗？你是不是认为，建筑只能限定内部空间，而对室外的无限空间是无法控制的？

三谷　很有意思，简单地说，自然比人类要大得多，建筑是为了人类的需要而建造的，而景观基本上没有什么人类使用的具体功能，可能也没有什么文化价值以外的东西。如果真是这样，景观设计师最终的目标，便成为在设计中寻找隐藏着的自然了。1960~1970年代的景观设计，生态学指的是植物生态学，而生态学更偏向自然科学，可能是现代人超越自然的梦想。

槙　例如，伊恩·L·麦克哈格[*3]写过一本名为《设计结合自然》的很有名的书，那里所说的自然，给人深刻印象的，即是以科学的视角来看待问题。

26

*3　伊恩·L·麦克哈格
（Ian L. MacHarg 1920~2001）
1996年出版的《设计结合自然》一书，以当时先进的技术手段，航拍测量与计算机演算的方法，对自然环境进行分析，此后，形成了区域都市景观规划的一大流派。

三谷　我也有很强烈的感受，该书并不是从艺术的角度来讨论形态问题，而是以自然的原始形态，去客观地创造城市。自佐佐木之后，设计一开始便关心形态的情况越来越少。佐佐木[*4]是哈佛大学的系主任，槙先生不是1950–60年代时也在哈佛大学吗？

槙　他呀，我在哈佛大学的时候，他已经在那里工作了。你是在1980年代学习景观设计的，那时教学的重心，已经向文化方面转移了吧。

三谷　非常幸运，我赶上了彼得·沃克[*5]所倡导的偏重艺术性的景观设计时代，沃克常说，他受到纽约环境艺术的影响。事实上也是，1970年代的景观设计师，受环境艺术的影响远大于生态科学的影响。人们一直在探索景观的文化性，例如，地景艺术家们就是这样。在这种潮流中，我捕捉到一个自然中的一员要改造自然的问题。

槙　我们一起合作的那些设计也是如此，三谷先生对地景有着相当强的意识，从"伊萨尔比罗花园"、"风之丘"等项目中就可以看出，日本的景观设计师也有很强的这种倾向。

三谷　我也有很强的同感，从1980年代到1990年代，景观设计师仅仅是在模仿自然，最终还是人工设计的东西，也曾经试图把握形态在艺术和技术之间的平衡。在这种关注的背后，其实是有着"生态形态学"的思考的。生态学从形象的角度看，即是所谓的形态学，哈佛大学从1980年代开始，理查德·福曼先生的讲义中，就有所谓的森林生

*4　佐佐木（Hideo Sasaki 1919~2000）
创立佐佐木景观设计事务所、SWA景观设计事务所。强调景观设计的重要性，在哈佛大学担任景观设计系主任近30年，为景观设计师职能的确立作出了贡献。

*5　彼得·沃克（Peter Walker 1932~）
1980年代以来，"Landscape as Art"开始成为哈佛大学的教育核心主题，发表了许多审美性极高的景观设计作品。偏离了环境保护规划，在当时美国的景观设计界产生了很大的反响。

风之丘
西侧全景。左侧可以看到风之丘灵堂，平缓的曲线形成的大地景观，创造出一种上承天际的空间场所感。

态学。其内容是到那时为止的，动物的生息迁徙范围、种类构成的变化等的统计数据，他把影响森林形态的元素，称为形态力学，扭转了之前有关形态特征的生态动因的想象。这一思路，与形态设计或许也有一定的联系。

"伊萨尔比罗花园"设计中，意识到的田野中的切割线，即可以从中看出农耕形态——自然与人工的合力，所以，我们便以此为构思进行景观的再创造。

现在看来，一切都建立在对槙先生项目的理解和协助的基础之上，而且，是景观和建筑设计同时进行，所以对形态的研究非常下功夫。我想起槙先生有一篇文章，名为《作为建筑与场所的整体的"景观设计"》。

槙 是啊，场所性是建筑师与景观设计师共同感兴趣的，今天听到的有关森林生态学的话题很有意思，森林研究与动物生态有着很大的关系，如果把动物换成人的话，可能也会有相同的情况。

建筑绿化

三谷 这些年来，环境保护意识逐渐增强，已成为设计中必须考虑的问题。最近有许多建筑绿化方面的话题，墙壁做成垂直绿化，屋顶也做成绿化等。现在，我们一起设计的"町田市政厅"（町田新市政厅，东京都町田市，2012年竣工）也做了墙壁垂直绿化。

槇 "町田市政厅"的场合，与绿化相比，视线的控制问题更重要。当然，庭园下沉会有很好的效果，但是，侧面却正好对着集合住宅，办公楼内的人看起来会非常近。这样垂直绿化屏就可以在住宅与办公楼之间起到隔离的作用，使住宅中的住户安心。所以"町田市政厅"的垂直绿化，不仅有减少二氧化碳排放的效果，而且还有心理作用。

三谷 比如垂直的百叶，也同样可以解决视线问题，但是，绿色屏障对居民而言，会更容易被接受。

1960年代的英国建筑组织"建筑电讯团"已经觉醒，他们认为城市建筑已将自然侵蚀殆尽，因此而发表了一系列的设计构思图，创造出一种新美学。

槇 正像你了解的那样，在1960年代的建筑界，他们受到了全世界的关注。

三谷　是啊，我也这样认为，今天的建筑绿化运动，看起来就像是1960年代的复兴，"建筑电讯团"是以虚无主义的立场反对现代建筑，当时，现代建筑正好在向后现代建筑转变。

以茂盛的绿化将城市建筑覆盖起来的美学，虽然是英国的东西，但是我认为，日本也有着与其相近的情感。用先进的技术建造起来的建筑物，仍然不能胜过植物的生命力，所以，他们描绘的图画多是一种废墟美学。

槙　嗯，这不也是日本原风景的一种吗？废墟美学是怎样的不太清楚，而把自然引入建筑却是日本的传统。日本建筑与自然是相互融合的，比如过去的庭园，绿

尼古拉斯·哈耶克（Nicolas G. Hayek）中心
东京都中央区，2007年。建筑：坂茂建筑设计；景观：Onsite计画设计事务所。在银座中央大街，设计了一个四层拔空的架空层，中间上下是钟表展示柜窗，水池中有3个垂直高13米的石盘。

化会直接延伸至建筑的边际，在缘侧与外部相接的地方等中间领域中，都会积极地引入自然绿化。

三谷　原来如此，这就是日本的景观设计文化。

我与建筑师坂茂一起，设计了银座的"尼古拉斯·哈耶克中心"（东京都中央区，2007年）内部中庭，就在一侧的墙壁上，全部做了垂直绿化。当初对这个位置如何设计，其实也并不清楚，只是觉得垂直绿化，可以为旁边横卧着的家具房增添风景，这与槙先生讲的情况差不多。

历史上以植物作为建筑主题，在1960年代的建筑电讯团之前，19世纪后半叶的阿尔·努瓦（音译）、英国的毕克切斯库（音译）等人，后期也都曾经用植物拟态化，以植物做成古典建筑的柱头。

现代主义建筑第一次回避了绿化问题。

槙　你的历史观很有意思。

三谷　听了槙先生的话，才发现没有注意到建筑绿化，是日本人特有的中间领域的造型手法。

槙　"町田市政厅"屋顶绿化是在比较低的二三层做的，这种绿化是一种新的庭前绿化。在其旁边，是三谷先生的方案杂木林，那可能才是真正引入的自然。

另外，今年竣工的"佛教大学"（国际佛教研究大学，东京都文京区，2010年）的门厅入口周围，也做了稍微有些不同的景观绿化。那里尽力保留了几棵象征着茗荷谷界隈之坂风

本页：町田新市政厅
方案设计模型。正面象征性的树阵，可以表现出季节变化，裙房退台形成三层安静的屋顶花园。多种不同的植物配置，使新市政厅景观十分丰富多彩。

33页：国际佛教研究院大学
入口门厅前庭的概念模型。反映出曲折的走廊，光影与绿化处理的关系效果。

景的树木，如果来到入口大厅，便会有完全不同的感受，那是一种三次元的关系，并不是屋顶绿化，而是从大地生长出来的竹林。

三谷 我过去曾拥有一处日本式的传统住宅，在宅前布置了绿化。这是一种不用建筑，而以小型庭园迎接客人的做法。

"公共"的意思是什么？如果以"不确定的多数人"为对象，好像那里是商业街。槟文彦认为，特殊目的效果很好的空间，对于其他人也是一样。三谷认为，设计师必须从个体开始考虑"公共空间"。对话从建筑内部，发展到城市和园林景观。三谷认为，谋求与外部世界隔离的庭园，是衡量景观设计实力的实验室。

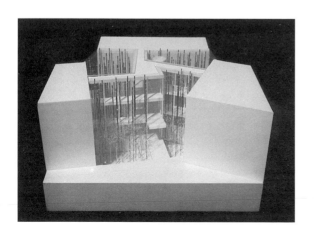

公共性

三谷 刚才在有关"人类生态学"和"植物生态学"的谈话中，槟文彦先生认为：建筑相对于自然来说，更要关心人的生态环境。槟先生在"三原文化中心"（三原市艺术中心，广岛县三原市，2007年）方案的介绍文字中，曾提到门厅内的人会停留多长时间这一问题。

槟 "三原文化中心"的建设基地在普通的城市公园之中，那里是人们休闲散步和儿童游戏的场所。门厅前的广场，正像三谷所说的那样，希望能营造出一种开阔的空间氛围。作为背景的建筑要与公园相协调，要在尺度上使人感到舒适，因此设计了一个入口平台。至于使用者的感受，这一场所主要是基于人类生态方面的考虑，这样，可以使建筑空间与开阔的外部空间很好地组合起来。

三谷　"三原文化中心"的介绍文字，以"独特的公共空间"为标题（《新建筑》2008年1月）。槙先生是否曾经说过，所谓建筑空间的"公共性"，即是把握个人与群体之间的距离，把它作为场所来考虑。

槙　我想，所谓的独处

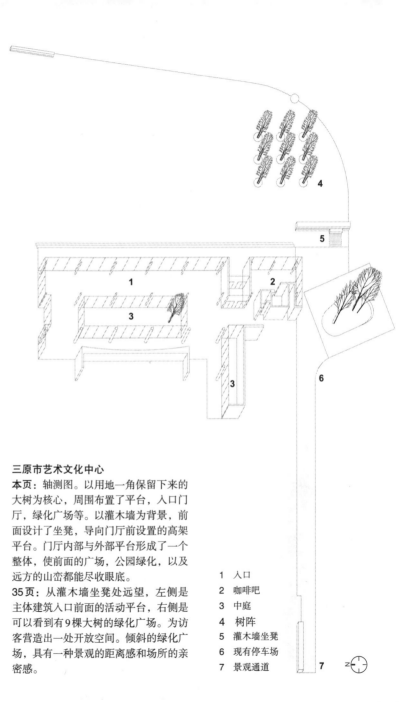

三原市艺术文化中心

本页：轴测图。以用地一角保留下来的大树为核心，周围布置了平台，入口门厅，绿化广场等。以灌木墙为背景，前面设计了坐凳，导向门厅前设置的高架平台。门厅内部与外部平台形成了一个整体，使前面的广场，公园绿化，以及远方的山峦都能尽收眼底。

35页：从灌木墙坐凳处远望，左侧是主体建筑入口前面的活动平台，右侧是可以看到有9棵大树的绿化广场。为访客营造出一处开放空间。倾斜的绿化广场，具有一种景观的距离感和场所的亲密感。

1　入口
2　咖啡吧
3　中庭
4　树阵
5　灌木墙坐凳
6　现有停车场
7　景观通道

空间，在很多人眼里，也应该是很好的空间。但是，反过来却并不成立。例如，商业中心如果没有人的话，便会非常寂寞，出现很奇怪的情景。这是因为商业中心的目的，是怎么样做才能更有利于销售的原因。而那些并不是用于消费的空间，才是真正的公共空间。一个人的空间也罢，一个人也没有的空间也罢，这样的空间才具有公共性。

有一个非常好的例子，米兰的玻璃拱顶步行街，夜晚时不论是一个人还是很多人，那里都是一个非常好的去处。但是，商业中心到了夜晚，如果只有一个人的话，就奇怪了，这是因为玻璃拱顶步行街不属于消费空间。

三谷 景观方面对"公共性"的说法，也很神经质，什么都是公共性的，同样是公共性，景观比建筑更甚。公共性对于建筑来说，是由会堂、图书馆等使用目的来决定的，而公园怎么样都是公共性的。像建筑那样"按开放时间闭馆"的事情是没有的，市民的各种各样的要求，行政方面的要求，都要理解和承受。这样一来，便设计出刚刚槙文彦先生所说的商业中心那样的公园了。

这中间，设计师应该向哪个方向努力呢？公共性其实是极端的私密，很难用语言来形容。我的桌子对面有很多背对背的人，我想他们都在考虑，什么样的椅子可以坐，以什么样的姿势坐，并且，希望大家都不要向自己集中。

槙 其实，我还真的是在设身处地地想象那些场景，在那里看周边是什么样的景象。

三谷 不一定大家都这样，但是，如果

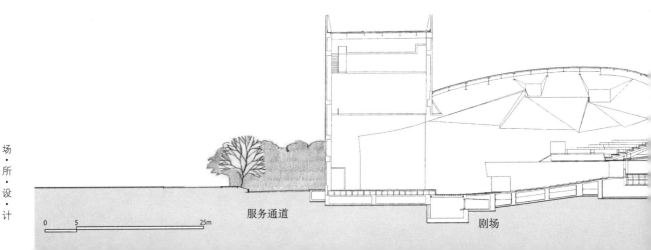

服务通道　　　　　　　　　　　　剧场

0　　5　　　　　　25m

场·所·设·计

不先把自己想做的事情确定下来，公共部分就更谈不上了。最近，我在考虑城市公共开放空间，怎么搞才能够恢复其私密性的问题。例如在高层、高密度地区增加开放空地，虽然公共空间增加了，但是味道氛围不对。原来都是私人用地，可以看到很多庭院，这些不都是私人的吗？这样一来"对不起，可以从这里通过吗"的感觉便没有了。而在那种情况下，不仅空间质量有所提高，而且行人也会注意自己的仪态。这就是我一直在考虑的，到底居住的中心空地怎样做才更好的原因。

三原市艺术文化中心
景观设计剖面图。周边围合的大树与倾斜的地面处理，使剧场不至于孤立。在门厅中插入中庭，使建筑空间内外贯通。

庭园

　桢　这里并不是要谈公园，我们还是以城市庭园作为话题吧。景观主要是针对可以使城市生活更加丰富的外部空间而言，但是，它也包括建筑物围合而成的内部空

中庭　　门厅　　　平台　　　　　草坪广场　　　　现有大树和长椅　　　　　　　公园

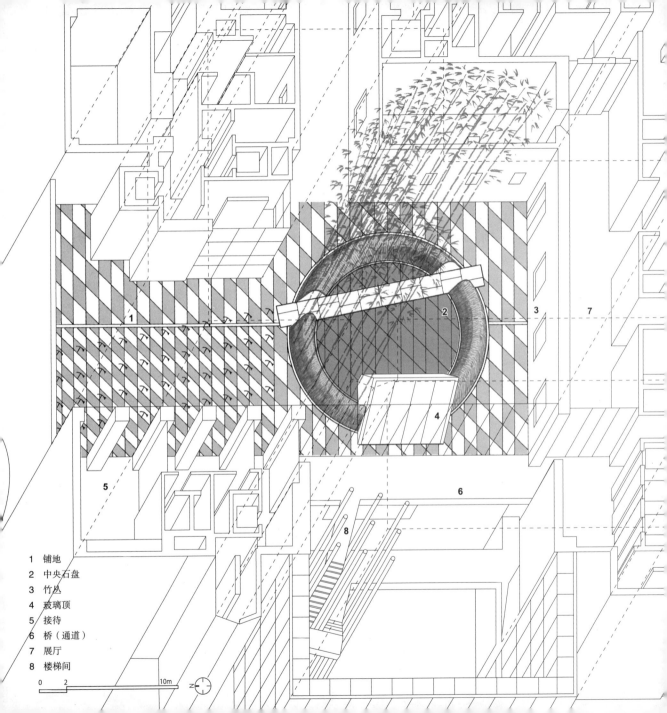

1 铺地
2 中央石盘
3 竹丛
4 玻璃顶
5 接待
6 桥（通道）
7 展厅
8 楼梯间

0   2   10m

● YKK R&D中心

所在地：东京都泽田区龟泽3-22-1
主要用途：办公楼　研修设施
业主：YKK株式会社

■设计

[建筑]

槙综合计画事务所

槙文彦　志田岩　上原成也　森拓哉　和田
吉贵　冲周治　久高实

[结构]

木村俊彦结构设计事务所

木村俊彦　伊藤久枝　久田基治　西园博美

[景观]

ONSITO计画设计事务所

三谷彻　长治川浩己　铃木裕治

■规模

用地面积　6336.48m²
占地面积　3531.72m²
总建筑面积　22512.36m²

■用地性质

地域地区　准工业地域　防火地域　第三
种高度地区

■工程

设计时间：1989年1月~1990年5月
施工时间：1990年12月~1993年4月

38页：从屋顶花园向下俯视。中庭的光影效果，与被竹丛围绕着的黑色石盘，有如梦幻般的景色。

39页：屋顶花园轴测图。庭院左上方是酒店，右侧是办公楼，下方是中庭。

本页：建筑北侧外观。建筑围合之中的屋顶花园，形成城市中的新景观。前面密植的植物，是为市民交流设施而做的景观。酒店入口雨篷等，均有建筑与城市之间的媒介作用，从屋顶花园向城市眺望的视线，也有着监督作用。

41页：建筑构成与屋顶花园。建筑的中央插入庭院，由东西向北逐渐敞开，特别是西侧的街道，步道状空地与广场和中庭拔高空间之间，形成了一种立体的新关系。

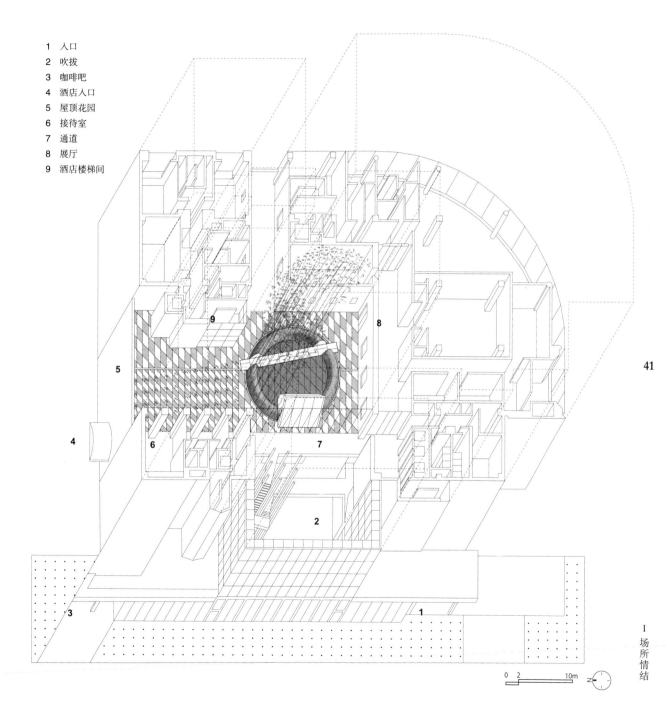

1 入口
2 吹拔
3 咖啡吧
4 酒店入口
5 屋顶花园
6 接待室
7 通道
8 展厅
9 酒店楼梯间

41

I 场所情结

0 2 10m

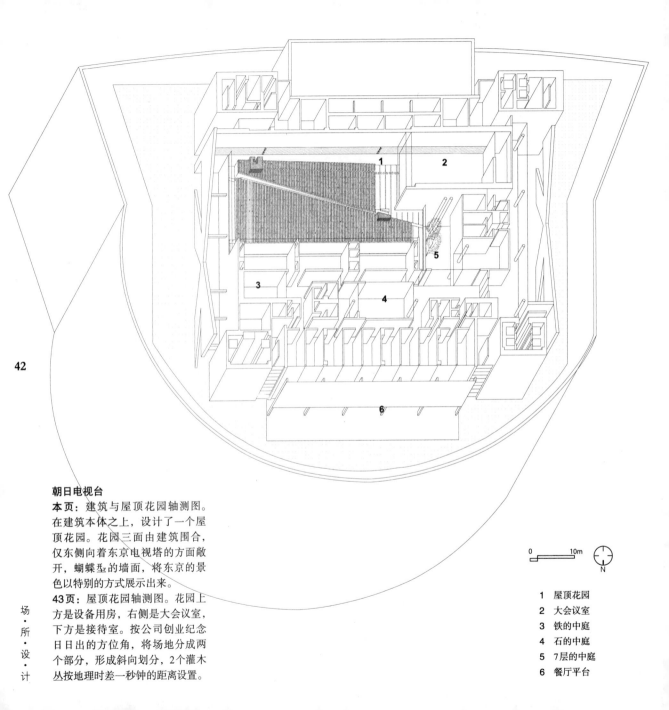

朝日电视台

本页： 建筑与屋顶花园轴测图。在建筑本体之上，设计了一个屋顶花园。花园三面由建筑围合，仅东侧向着东京电视塔的方面敞开，蝴蝶垦的墙面，将东京的景色以特别的方式展示出来。

43页： 屋顶花园轴测图。花园上方是设备用房，右侧是大会议室，下方是接待室。按公司创业纪念日日出的方位角，将场地分成两个部分，形成斜向划分，2个灌木丛按地理时差一秒钟的距离设置。

场 · 所 · 设 · 计

0   10m
N

1 屋顶花园
2 大会议室
3 铁的中庭
4 石的中庭
5 7层的中庭
6 餐厅平台

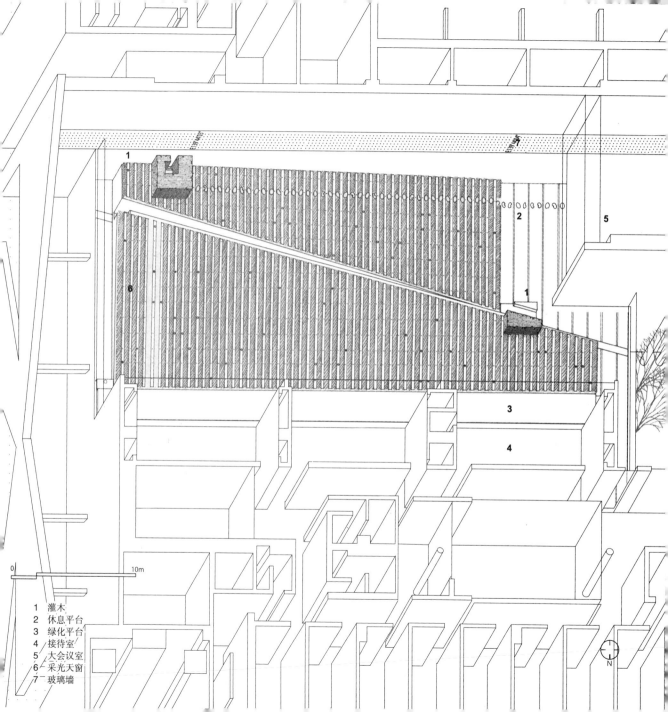

1 灌木
2 休息平台
3 绿化平台
4 接待室
5 大会议室
6 采光天窗
7 玻璃墙

0   10m

N

◉ **朝日电视台**

所在地：东京都港区六本木6-9-1

主要用途：电视演播　办公　商业

业主：朝日电视

■**设计**

[建筑]

槇综合计画事务所

槇文彦　福永知义　增田多加男　千叶昌广　仲田康雄　荒
井浩介　今泉纯

池田伟佐男

[结构]

结构设计集团SDG

渡边邦夫　高桥一正　桐野康则　中村丰　藤田智子　宫
崎光生　前田和寿

[景观]

ONSITO计画设计事务所

三谷彻　户田知佐　铃木千穗

■**规模**

用地面积：16368.18m²

占地面积：9469.74m²

总建筑面积：73700.43m²

■**用地性质**

地域地区　第二种住宅用地　防火区域　再开发地区计画

■**工程**

设计时间：1993年3月~2000年2月

施工时间：2000年8月~2003年3月

44页：屋顶花园全景。背景是六本木地区的高层建筑。

本页上：可以看到从大会议室延伸出来的飞石，及接待室前面的休息平台。

本页下：从庭院东侧远眺东京的景色。

I 场所情结

间。例如"YKK R&D中心"（东京都墨田区，1993年）就因为用地的限制，所以建筑通过围合形成了内部庭院。"spiral"（东京都港区，1985年）、"町田市政厅"的屋顶庭院等，也都是我们做的所谓的城市中的庭园。

三谷 "伊萨尔比罗花园"以后，"YKK R&D中心"、"筑波研究所"等一连串的设计，都有一个明显的特征，那就是都设计了"庭园"。这种庭园并不是外部空间景观的尺度，而是建筑内部构成的小尺度庭院，是向内凝聚的。

槙 我一直都认为，景观主要是考虑追求"离心性"和"向心性"。例如"伊萨尔比罗花园"，怎么说，也是在追求一种发散的开阔的东西，"出云博物馆"也是这样。而"筑波研究所"则是在追求向心性，人的视线向中心聚集。我今天所说的"离心性"和"向心性"，在景观建筑师看来是非常极端的吧。

三谷 是啊，景观设计师，往往会在追求大自然的开阔效果中，包含有"离心性"，这也就不会有"向心性"。确实，作为检验景观设计师实力的实验室，庭园是非常重要的，与外部隔绝的庭园非常纯粹。

槙 大家都非常熟悉的京都庭园，就同时兼具"离心性"和"向心性"。如果用外来文化解释庭园设计，建筑与墙垣之间的庭园，就有两种处理方法，所以景观建筑师常常，哦，那时候没有景观设计师，不过，不管是小堀远州[*6]还是无论是谁，都会遇到同样的问题。

三谷 过去是以"庭园"来称呼的吧。如果说到庭园，近代著名的作品就有小川治

*6 小崛远州（1579~1647）
远州是江户前期的武将，小崛政一就任骏府普清奉行之后的别称。晚年参与了许多建筑、园林的修建，确立了优雅简洁的风尚。大德寺孤篷庵茶室，仙洞御所南池东护岸的叠石，桂离宫石桥的延伸部分等，都是这一风格的再现。

*7 小川治卫兵（1860~1993）
明治初期的造园家的第七代传人，小川治卫兵的别称"植治"也很有名。他设计的山县有朋的东京都别邸——"无邻庵"，确立了以植物为主体的日本的园林风格，获得了很高的评价。此后，又设计了许多明快柔美的植物配置与水景，强调平远稳健的叠石处理等具有现代感觉的作品，并一直保留至今。

兵卫[*7]的"无邻庵"（1896年）等。"无邻庵"是明治以来，近代的以绿化为主体的，内部造型与东山街景都很到位的优秀案例。同时代的人，也有借鉴装饰性绘画创作出的"重森三玲[*8]庭园"，也具有强烈的"向心性"。但是，如果从中心向外部望去，墙垣间有种宇宙无边的感觉，这可能即是所谓的"离心性"吧。

我们设计的工程，可能也具有"离心性"和"向心性"这两种特征。"筑波研究所"追求的是随着季节的变化，植物也会产生微妙变化的效果。槙先生的建筑面向着筑波山斜向布置，我想，就是要因借远处的风景。"YKK R&D中心"，槙先生自己说是"拥有内部化的外部空间"，其要点即是要阻断外部世界，这其实与"筑波研究所"并没有什么不同。

　　槙　首先尺度感不一样啊，三谷先生应该考虑"YKK R&D中心"是由立体的建筑围合起来的空间。而"筑波研究所"就像刚才所说的那样，主要是利用植物随着季节变化产生效果，是一种与自然对话的设计手法。"YKK R&D中心"则完全不是这样，人工的东西更多。而沿着这一思路发展下去的案例，那就是"佛教大学"入口处的竹庭了。

景观设计师的东西，给人们的印象，是手法完全不一样。例如，"佛教大学"的景观是人工化的铺地，唯一种植的植物是竹子。

　　三谷　我认为，中庭追求的是像罗马"万神庙"那样的纯粹的空间，是由建筑围合而成的，用什么样的建筑方法才能做得更好，那是

*8　重森三玲（1896~1975）从日本画、插花转向园林设计。设计过很多拥有巨大石块、几何学平面等独特造型感觉的园林。此外，还对全国的日本园林进行了测绘，出版《日本园林史图鉴》26卷，在日本园林研究方面作出了巨大贡献。

朝日电视台
方案设计阶段的建筑模型。

Ⅰ
场所情结

个很大的课题。而设计上要求的高标准、技术上的制约，都是必需的，屋顶花园更是如此。

这样说来，"朝日电视台"（东京都港区，2003年）的屋顶花园，就兼具"离心性"和"向心性"两种特征。

槙 是啊，从"朝日电视台"屋顶花园，眺望东京的风光，与从超高层建筑向下俯瞰的感觉完全不一样，可以看到一些城市的横断面。先不说庭园，视点的高度就起着决定性的作用。如果来到第八层，屋顶花园由与周边隔离开来的会议室和办公室包围着，在那里，人们谈话也会很有生气。比如你的方案，室内的玻璃隔断使空间具有强烈的连续性，接待室和大会议室围合起来的院子，也非常人工化，但是，眼前的庭园中的自然原野式的绿化，我想，就会给人以完全不同于普通城市环境的感受。

三谷 当初的设计方案，有一种很强烈的人工化的庭园感觉，电视台方面提出庭园中用玻璃地板的方案。而后槙先生提出"第5立面"的说法，以空旷空间来表现，我还记得很多次夜里，都抱着光庭的模型在思考。

事情有时候会有180°的转变。对于电视台来说，看起来要像电视台的封闭型庭园，然而要是在其中加入自然植物，就有可能会使"第5立面"的效果更好，所以最后，便以原野式的绿化方式来处理。

槙 在周边的超高层建筑之中，"朝日电视台"是唯一一栋低层建筑物，所以从上面向下看，会有第5立面之说。由于从上向

干线道路　　　　　　铺地　　　　　　西侧山丘

0　10　　　　　　50m

下看会看到建筑的顶部，所以非常关心屋顶绿化的方式，水平方向看到的庭园，与从上向下看到的庭园的特征是完全不同的。

现代主义与庭园

三谷　与槙先生一起合作最早的项目，"伊萨尔比罗花园"是商务园区，后来设计的"风之丘"也是园区，但是，槙先生认为：这些都是景观设计。

槙　哦，也许是吧。

三谷　然而从"福井图书馆"（福井县立图书馆，福井市，2003年）开始，我记得槙先生就不再说景观了，而是常常谈庭园。

投标的时候曾经说，想设计一个围合有庭园的图书馆。

福井县立图书馆档案馆
东西景观剖面图。底层部分是图书馆开架阅览室，大体量的高层建筑是书库。西侧是山丘，东侧是树林，在四面自然风景的包围中创造庭院空间，建筑强调水平性，以密植的树阵使庭院向西侧主干道展开。从主干道望过来，建筑与水平的大地景观浑然一体，这种横向扩张的水平性，衬托出中间竖向的档案馆。

49

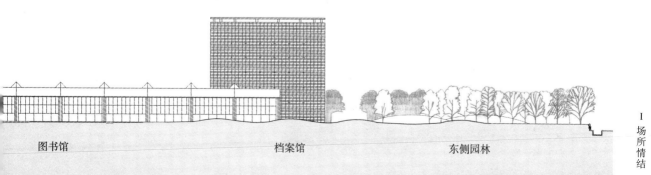

图书馆　　　　　　　　　　　档案馆　　　　　　　　东侧园林

I 场所情结

槙　那时候，曾设想以武士宅院的庭园为蓝本。

武士的宅院必然有庭园，这种庭园并不是给人们散步用的，是住宅与外部空间之间的一种过渡，同样的概念用在现代建筑中也很好。我们设计的建筑与你设计的景观之间，是一种现代形态的武士庭园，我认为在某种程度上还是成功的。

三谷　现代主义的建筑与庭园啊！现代主义的城市建筑中本没有庭园，但是我们的有！这倒不是正确与否的问题，可能都是以别墅为标准，因而建筑内部缺少设计庭园的动力吧。也许是过分的纯粹，勒·柯布西耶的光辉城市、昌迪加尔的城市设计，那些建筑，都是以雕塑感的形态，被置于开放空间之中，再相互平衡配置形成街道。

槙　街道是十分复杂、综合性的东西。

三谷　以阳光和绿化著称的健康的外部空间，是光辉城市的最大卖点，但是，为什么都把庭园排斥在外呢？

槙　勒·柯布西耶的情况，是以建筑为主体，环境景观，只是作为展示建筑的空间而已，所以，建筑都拥有很强的雕塑感。而外部空间要是靠近建筑的话，那就背离了他的主旨。

然而，我们没有那种感觉，"福井图书馆"的用地是7公顷，非常开阔，在这么开阔的空间内，难道不添加些什么东西吗？所以，我们便把它做成日本式的开放空间。

在那里，我们沿着道路密植大树，以替

代武士宅园的墙垣，内部围合成巨大的庭园。从外面首先会看到大树所形成的屏障，然后才能看到建筑。

三谷　"福井图书馆"在某种程度上也具有庭园的特征，在景观形象的处理上，以及游赏性等方面也是这样。按今天槙先生的说法，它与"风之丘"最大的区别，就是树木形成的封闭屏障。建筑的南侧和东侧设置了大规模的密植树林，西侧运用巨大的土方工程增加地形的起伏，从内部向外望，只能看到遥远的山脉。这就是此前我们谈到的借景，空间封闭之后，即形成了借景。那之后，"出云博物馆"也是在用地的周边种植树木，借以形成封闭的空间效果。

槙　所谓封闭，只是隔绝视线而已。

三谷　这对于庭园来说非常重要，一旦形成封闭的空间，便同时可以遥借远处的风景，庭与景的关系就是这样。

槙　是啊，尺度不一样，"代官山"也设置了像"福井图书馆"那样的屏障，那样的树阵。那并不是巴洛克式的构成，而是以自然要素沿着道路形成边界，它具有我们所说的，重视纵深感的日本美学特征。

之前三谷先生说到"福井图书馆"的时候讲：我经常谈到"庭"，但是，我自己倒没有意识到。当然，在谈到道路边界的处理时，我认为把空间隔断，使门前道路消隐的这种设计方法，与庭园用墙垣围合是一样的。如果看不见墙垣的形象，将地面抬高形成屏障，也有着同样的效果，很有意思。

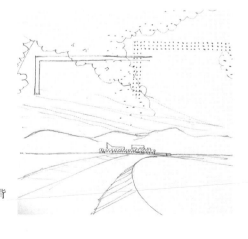

福井县立图书馆、档案馆的远景，与背后的山峦。早期草图。

三谷　这是我对庭园的不同理解，当然从空间造型的角度看，对于使用者来说，公共空间在向着私人领地转变。被称作"庭"的是私有的东西。现实的情况是"福井图书馆"也好，"出云博物馆"也好，都是公共性的，然而，若以"庭园"的概念来设计，则公共空间即带有某种私人领地的性质了。

槙　只是心理作用。现实中"出云博物馆"的外部空间，经常举办各种各样的研修活动，修学旅行的学生们一直都在使用，是名副其实的公共空间。

三谷　从使用的角度来看，运作管理都是公共性的，庭那样的私有化感觉，是从空间的角度来看的。在我们的记忆中，农家的庭院也是这样。

农家的庭院完全是农家私人的东西，但是，附近的人也会从那里穿过，小孩子们也会在那里玩耍。在农村，田野也好，山也好，除了道路以外，全都是私人领地。小孩子常常会在大宅基地，或是农家的私人用地上玩，我认为，这并不能以日本的艺术特征来解释，而应该用私人空间的公共性异化来解释。

槙　如果私有空间有向公共空间无限转化的可能的话，公共空间也有无限向私有空间转化的可能性。

无用之用

槙　说到这，你设计的"品川千棵樱花广场"（品川中央公园，东京都品川区、2003

品川千棵樱花树阵
53页左：方案的电脑模型演示。从夏天到冬天不同效果。公共广场在每年的早春赏樱花时，可以作为对市民开放的公共活动空间。
53页右：品川千棵樱花广场方案模型。在众多高层建筑的底部，以树阵的方式形成一处独立的区域，南北走向的形态，体现出土地利用的历史传承。

年），也是被建筑围合起来的空间，是庭院？还是公园？

三谷 "品川千棵樱花广场"是将3个小公园和9块公共空地整合在一起，进行统一设计的空间，所以公共性很强。但是，最初的设想，是希望能够将其设计成具有私有领域感的空间。

槙 那里从外面看，两侧是由没有什么个性的建筑物构成的屏障，所以一旦进入内部，便会有另一个世界的感受，我想，这就是景观设计师的作用吧。

三谷 谢谢！

我意识到的第一个问题，就是针对高层高密度的垂直性城市景观，以强调水平性的空间感予以抗衡。用同一种树形成树阵，在

城市中由南至北延伸400多米，给人以超长的尺度感。

槙先生所说的没什么个性的建筑，是当初计划一体设计的东西，两端与地面同高，中间下沉一层，形成了一个船形空间，这种形态也是水平距离创造出来的一种效果。

槙 被称作"空中步道"的二层平台，一起形成了自由通道，是与建筑师们一起协作完成的吧。

三谷 东侧与西侧的街区经纬不一致，西侧由许多建筑师协助，共同完成了空中走廊。最先完成的是东侧弓形的空中走廊，由日本设计的黑木正郎先生设计，他解释说：这是与地形形态相吻合的东西。从开始建造，就与景观设计在造型上、空间上紧密地相互

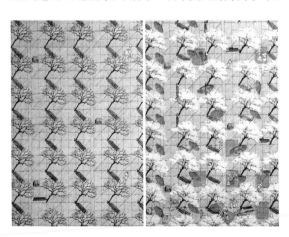

配合，共同推进。

　　槙　那里给人印象最深的，怎么说，也是尺度感！400米、500米那样的尺度，在现实的城市中是没有的。

　　三谷　是没有啊。那个项目比"伊萨尔比罗花园"早一两年，从1989年开始，最初的计划是要创造一处，被樱花尽没的、名为"品川千株樱"的名胜之地。但是，总体上赞成，而在具体做法上，意见不一致的状况，一直延续了10年。很多公司都说："樱花尽没的空间太好了！最好请在我们公司的门前设置这样的广场。"

　　长时间的各种看法的介入，影响着开发者的倾向，行政部门可能也受到了这种倾向的影响。针对"全部用同一种树倒不是不自然，但是，只能用一种树吗？"等言论，我们的回答是："这样最好"。所谓的单调，正是经过认真思考后作出的决定。而且，它们将建筑间的空地全部占满，所以，我觉得这里的景观作用，正是所谓的"无用之用"，并不是余白，是一种积极的"无"的价值。

　　槙　广场应该拥有节日活动设施的功能，可是那里没有这种空间吧。

　　三谷　什么也没有，是一处真正无任何功能目的东西，花十几亿、上百亿建造的，中间站不了人的广场，这样的议论也很多。

　　槙　最后大家还是接受了啊。

　　三谷　唉，就那样吧，无可奈何。随着建筑设计事务所的逐渐增加，有好多次都觉

品川千棵樱花广场
东京都港区，2003年建成。照片为冬天景色。从落叶以后的樱花树阵中，可以看到450m长的超大尺度，二层的自由通道将建筑联结成一个整体，形成立体化的城市街区。

得已经不行了，但最后，奇迹终于发生了。要说原因的话，那可能就是品川的保护神的佑护吧。

再者说，如果查一下过去的地图的话，在古代，这里有一条南北向的、很长的运河，在比它更古老一些的目黑川河口处，呈现出S状的弯曲形态，受此影响，这块场地正好凸出到运河中，形成适合于船舶停靠的天然场所。此后，三井物产在这里建造了一些仓库，后来又沦为旧国铁的停车场，我们接手设计时，该用地是新干线的车库。所以，从这个意义上来讲，南北狭长的形态，应该是这片土地的记忆。

槙　原来如此，南北狭长的形态是土地的记忆。

日本的环境设计师，究竟追求的是什么？槙文彦认为是山，是像"出云博物馆"那样的，以山为背景的传统的潜意识。三谷彻通过与槙文彦合作的项目，谈到了用地与山之间的关系是一种借景关系，用地可以把几公里之外的山景纳入到环境视野之内，槙文彦与三谷彻的设计理念都受到了山的影响。

山与原风景

槙　强调水平性并不是"品川"和"出云博物馆"的共同之处。"出云博物馆"在具有很强的发散性的同时，从场地中央的玻璃建筑内，可以看到各种不同层次的景观，主体建筑的宁静效果，主要是有作为背景的山的衬托。竞赛时其他的方案都对着台阶设计得非常壮观，把后面的原野遮挡了起来。而我们却从视觉的角度，慎重地考虑用玻璃做外装，把远山作为建筑的背景。

这是把日本的传统稍做变化，用古代的手法远借山景的考虑。这也就是为什么，我们的方案在入选之后，便首先确定眺望台的高度，考虑怎样才能让人看到出云大社的千木林，以及建筑与远山的关系的原因。

三谷先生那边最下功夫的，应该是如何能够做到，视线穿过玻璃建筑看到后面山景的景观透视效果。刚开始设计时，我就曾这样对你说过吧？

三谷　是吗，想到出云大社背后的山，是自然而然的。

这里改变一下话题，槙先生在其他的设计项目中，也是以建筑和远山构成的景观为重点，建筑经常以水平性来说明与山之间的关系。"福井图书馆"也是水平展开的建筑，视野宽广，远山尽收眼底。是通过在用地的周边设置绿化屏障，以借远处的山峦景致，或者说，是考虑接地性的结果。槙先生无论在哪，都会超越建筑形态的功能性，从文化的角度来看问题。

槙　这也和米兰的玻璃拱廊一样的，不是用于消费的空间形态。

三谷　比如"出云博物馆"处于远山之前，其本身对于建筑形态而言，并没有什么意义。

槙　是啊，与本身没有意义比较起来，却能够给人以一种不得不结束的感觉。钢制

现存的外围树林　　　　泉之凳　　　　　　体验学习栋

0　　10　　　　　　　50m

的金属侧壁与玻璃建筑同高，一根根垂直线条形成完全不同的感觉，这是一种与常规做法不一样的形态。这样做，主要是对山与建筑之间的景观，有着某种程度的期待。竞赛就是一场赌博，"出云博物馆"的情况是，与其追求协调的效果，还不如搞一些实验性的东西。

三谷　"风之丘"也是将建筑分散布局，有一种平衡感。

槙　"风之丘"的情况比较极端，与其说建筑是一组雕塑感很强的集合体，倒不如说，是在尽量减弱建筑的视觉效果，所以，那里的景观设计尤为重要。

三谷　设计具有水平性的墙垣，是日本式景观构成的基本方法，它不仅可以遮挡周围不和谐的东西，而且，还能够形成远借山景的效果。特别是"出云博物馆"的水平式展开，更有着将远山引入画面的强烈意识吧。

槙　"出云博物馆"后面的山景非常美，博物馆主

岛根县立古代出云历史博物馆
承载着风土记忆的庭园南北剖面图。对着用地中央的入口大厅，设计了150m长，两侧种植有行道树的铺地。这种设计与博物馆的西立面并行，给人以强烈的纵深感。庭园北侧保留下来的树林遮挡民宅，同时，也起到了与背后八云山在空间上的连接作用。

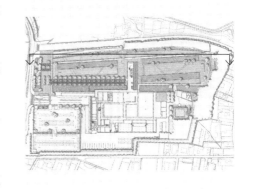

博物馆门厅　　　　　　　　　　　　铺地　　　　　　　　　　　　广场

要是展出出土文物，所以，当我们看到后面的远山，就会联想到当初古人看到的景致。几千年前的人，与我们看到的是同样的东西，可能只有日本的自然风景能够保留到现在。

西欧的城市景观基本上变化不大，所以，那就是他们心目中的原风景，然而要是寻求日本人的原风景的话，沉稳的山峦景致便是最典型的。建筑与景观成为一个整体，因此，我认为这是非常理想的景象。

三谷　樋口忠彦先生写过一本书，叫做《景观的结构》（技报堂出版、1975年），樋口先生也认为，山与水是日本式的典型风景。樋口先生在思考日本式的风景原型时，以敏锐的洞察力，将山分成为不同的类型。这本书有英译本，美国的学生也读过，我还记得他们评价这本书，是以日本人的独特方式，从不同的山的角度来解释景观。

岛根县立古代出云历史博物馆
风土记之庭，北面庭园的东西剖面图。折板一样的曲折地面处理，与博物馆的屋顶形状相呼应。起伏的地面将东西方向分成几段，庭园周边被原有的树林所围合，形成安静的内部环境。

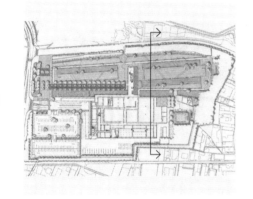

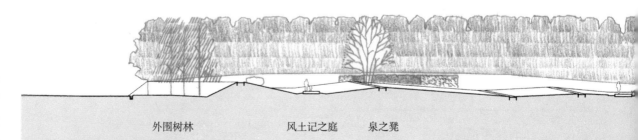

外围树林　　　　　　风土记之庭　　　泉之凳

0　　5　　　　　　　　　　25m

槇　"出云博物馆"以水平方向展开非常重要，同时，你设计的登山道，向着远山，形成了一种强烈的透视感，把现有的树林也包容在内，这就是景观设计的作用。

三谷　的确是这样，我们给这条路取名为"风土记"，这条景观道路与草图阶段完全一样。一到玻璃入口大厅，用地被分割开来的那一侧，便有一种纵深感。"风土记"之路贯穿入口大厅的方案一提出来，槇先生便说：景观要素与建筑被绿化割断了。

槇　好像是这样说过。

风土与现代

槇　三谷先生之前所表达的，都是自然要素比人文要素重要。

三谷　那是以"风之丘"为话题的时候，其实，我一直把它作为研究课题。那原本是与文化意识有关的设计问题，而不是有关形态方面的话题。

槇　在日本非常幸运，自然环境保护得很好，自然状态很稳定，当然，也有很险峻的自然环境。以前曾在马来西亚做过设计项目，那里有一座科特那帕尔山（音译），阴森森的非常怪异，与日本的富士山属于完全不同的自然状态。

我们这里的山，姿态平稳，山脚下有人居住，特别是宅前的田圃，一派田园风光，这就是典型的日本原风景，这是一种和谐的存在，建筑有条不紊地融入自然，所以我认

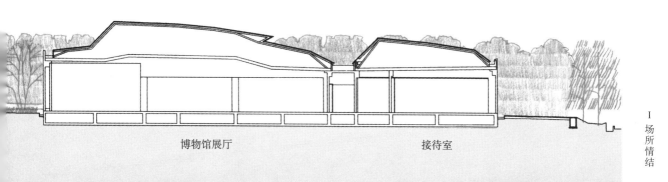

博物馆展厅　　　　　　　　接待室

岛根县立古代出云历史博物馆

左：对着北山的笔直的风土记之路。超越建筑尺度将距离视觉化，营造出出云的尺度。出云风土记记录表现了《国引传承》中留传下来的故事，其纵深部在用地内看起来就像玉石祀。

右：从北侧出入口水池处眺望。可以看到右面的出云大社，及其背后的八云山。

为，这些都表现了日本建筑所固有的水平性。

啊，有什么可以挑战的吗？基本上没有。所以，在日本做设计的时候，景观设计师与建筑师的自然观一致默契的情况很多。

有一本叫做《超越者与风土》（铃木秀夫，原出房，2004年）的书，书中认为：宗教滋生于风土，人类也因为风土而改变。伊斯兰教、基督教、犹太教是沙漠地区孕育出来的，佛教是源自森林的冥想，这些宗教的产生都与风土有关。这就是说，我们的元根不论是微观，还是宏观，都受到自然的影响。

这里，三谷说得很好，今天已经进入了超高层建筑的时代。但是，在沙漠中建设，街巷中建设，森林中建设，难道都用同一种形态吗？特别是与自然更近的景观设计领域，也一样会受到自然的影响吧，怎么样呢？

三谷　对于景观设计来说，超高层也并不与风土相矛盾。就学生时代印象很深的内田祥哉先生的构造讲义而言，如果今天回过头来再看的话，其中多半都是"雨仕舞"一类的排水构造做法。过去没有空调通风，"雨仕舞"充分地利用了风压，若是采用这样的做法建造幕墙，一定会使建筑更有特色。

多雨的日本建造的超高层建筑，与中东迪拜的超高层建筑就应该不一样。

槙　当然，有一种看法就是，依据风土的不同，场所之间会有着很大的差异。但是，空调通风技术发展到现在，讲究效率，简化细节，降低成本等，经济方面的考虑更胜一筹，所以，便出现了很多一样的东西。就超

山的距离

风之丘

用地位于山国川沿岸地段的高台上，南面可以看到围绕着耶马溪的山脉，正面7km是八面山。

岛根县立古代出云历史博物馆

用地位于富有神话色彩的、从日本海延伸过来的北山山系的南麓，八云山山麓将6km以外的日本海遮挡起来。

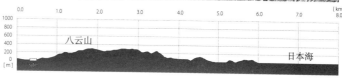

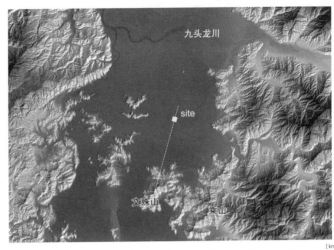

福井县立图书馆、档案馆

用地位于九头龙川的冲积平原上，东西可以看到远处的白山山脉和一乘山。南侧可以看到6km外的文殊山。

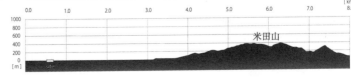

三原市艺术文化中心

用地的北面是广阔的中部山系山峦，正东越过5km的宫浦公园，可以看到三原市东边的米田山。

高层建筑的底层空间而论，10米高与15米高，从景观的角度来看，有什么不一样吗？

三谷 是不一样啊，"品川千棵樱花广场"就是这样，此外，我还做过汐留的"日本电视台"的底层空间、大阪梅田高层建筑的底层空间等，它们的共同特点是多孔质的空间。在日本，与上部的高塔无关，城市综合设施都集中在底层空间，那里汇集着各种各样的功能，流线复杂，难度很大。

而美国的高层建筑是单一功能的很好例子，超高层建筑前面留有小广场，建筑物直上云天。

槙 所以说，在超高层建筑问题上，景观设计师与建筑师之间也存在着默契。当然，委托人高兴这么做，也是潜在地期待着，能够把地域特点表现出来。"品川千棵樱花广场"项目有几层？

三谷 樱花树林从地面层到地下一层起伏变化，建筑的中间层，包括四五层非常复杂。

槙 是啊，从那里看到的风景，与仅从地面步行获得的经验是不同的，我想，这就是场所的独特性。建筑之间还架设有天桥啊。

三谷 那座天桥是播繁先生做的结构设计，实际上，我一直反对建那座天桥。在南北狭长的树林中架设一座桥，我担心，会瞬间隔断整体感。但是，播繁先生用钢制的很纤细的构件，使天桥看起来非常轻巧。我觉得天桥虽然穿过树林，但也提供了一处从上空俯瞰树林的视点。

槙 这也就是"品川千棵樱花广场"，如果没有那些树木，我觉得就没有什么意思了。不希望看到普通的城市中心区的效果，而希望看到树林那样的东西。

三谷 就"品川千棵樱花广场"的商业街而言，日本人觉得，只有用树木将其围合起来才能安心。我认为，这是以森林文化为前提的，这就意味着日本式的景观，从来不缺少植物要素。

槙 哦，这是从室内发展而来的吧。

三谷 另一方面，在日本搞景观设计，基本上都会搞得植物非常茂盛，这也成了大问题。

从海外坐飞机回日本的时候，我很愕然，从空中看到了很多地方绿化得有点过头，有一种相互竞争的感觉。培育出令人惊异的茂盛植物是日本文化。

在日本，有植物广场和草坪广场之争，英国也罢，欧洲大陆也罢，或者寒冷地带、多雾地区等，都有过是种草坪还是种植物的选择，而最后都选择了植物。

槙 这样说来，日本与西方的园林设计理念没什么不一样吗？

三谷 日本的园林设计，是在让杂草不容易滋生方面下功夫，绿化种植，旨在使庭院地面处于阴影之中，以便形成"苔被"。

槙 所以在日本，又湿又潮的苔被，无论在那，总是隐蔽着的，这就是利用植物所具有的自然属性，来设计园林的原因。

然而在欧洲，不论南北，园林都被作为广场来对待，地面的装饰性，造型性非常强。

例如凡尔赛宫殿园林的地面，从远处眺望，就像是普通家庭室内铺设的地毯一样，宏伟壮丽，非常美观。

我想，这就是与生俱来的，某种特殊自然观的文化表达。最近，我在设计加拿大多伦多的"阿卡·汉美术馆"（音译），旁边的"伊斯玛利"（音译）社区中心，是由建筑师查尔斯·柯里亚（Charles Correa）设计的园林，他用几何学图案覆盖了整个场地。

三谷 俯瞰园林的时候，看地面上是否会铺上一层绒毯，槙先生的见解很有意思啊。一般情况下，园林会分为人工园林和自然风景园林两大类。

确切地说，日本园林中的树木，都是自然生长出来的。而欧洲园林中的树木，特别是庭院里的树，总给人感觉像是盆栽。

槙 对于这种文化现象，日本的景观设计师怎么解释？

三谷 这是一种装饰，超越了形式的存在，绒毯的感觉非常重要，庭园是室外另一种形式的房间。

这样一来，我觉得园林的定义便非常重要了。西方的园林更接近建筑，是建筑行为的一部分。而日本的园林，则是建筑之外的东西，是自然的一部分。是这样的吧。

槙 我在参观桂离宫、修学院离宫时，也有这样的感受。水景园林可能也是这样，即便是非常抽象的石庭和枯山水，看起来也很自然。白砂铺地的庭园中，绝没有装饰性的东西，这是日本人的自然观的一种特别表达。并不是依靠砂与石的造型手段，而是突出不同材料的对比，以物质性的对比揭示宇宙观。

三谷　日本园林经常被认为具有写意性质，禅宗的枯山水以抽象造型闻名，但是，其原型却必然取材于日本国内，或是中国的风景名胜。最好的办法就是，按照自然状态进行仿写，比如模仿某处的海岸岩壁，便可从中体验到傲霜耐雪的松树、盘根错节的植物与岩石相斗的景色。模仿一丛杂木林，便可以体验到广阔的原野中的森林。

槙　就是这样，这就是写意美学。

三谷　是啊，在日本，自然也是建筑的一部分。

这里说的仿写，实际上，并不是具象的模仿，而是一种要把握住自然特性和空间特性的抽象的写意，是非几何学的，消隐了具体形态的抽象艺术。

槙文彦的建筑碰到三谷彻的景观，建筑底部从水池边上开始，与倾斜的地面相接。进而一转，从空中眺望，"风之丘"的地面形态，就像是在大地上绘画，这正是三谷彻现在进行的创作活动的遗迹。另一方面，槙文彦认为景观设计师还应该是协调者，在为建筑创造适合于建筑的外部空间。槙文彦从早期的"丰田礼堂"开始，一直在独自设计开放空间。

地面

槙　在你的设计中，地面的处理非常重

要，从"伊萨尔比罗花园"以来，"出云博物馆"的景观道路设计也是这样。你设计的景观，地面处理会随着标高的不同，而采用不同的方法。这是景观设计师必须这样思考的吗？

　　三谷　对我来说，这确实是个很重要的问题。特别是"出云博物馆"的地面做成了折板状的形态，与槙先生的钢构立面形成强烈的反差。地面不是建筑的附属品，而是要将用地面传达的信息作为目标。

　　槙　"福井图书馆"的时候，也是一样的想法吧？

　　三谷　那时候建筑构成比较谦逊，因此，地面的处理就自然要多花些心思。为了使地表更有意思，我们设计了50毫米高差的线条，在阳光的照射下会形成阴影，而富于变

化的阴影形态又使地面获得了某种物性。"出云博物馆"的地面处理，也是在行进一段之后，眼前会显现出潜在的植物，凸现地面的个性，暗喻着出云的湿地原野。这样说来，这就是先前谈话中说到的杂草主题的原因。

　　槙　说起来，这可能就是现代景观设计师的一种工作态度吧。

　　三谷　啊，我也在想，我与槙文彦先生一起工作时，一直是在尽量地将意念融入到外部空间形态的创造之中。

　　我想到马克·特雷布[*9]的一段很有意思的话："在景观中加入设计是比较晚的，这是因为对于一般人来说，所谓景观就是植树，种上绿化就满足了"。他还说，这种情况就是建筑师也一样，对景观提出形态问题是非常困

*9　马克·特雷布（Marc Treib 1943~）加利福尼亚大学伯克利分校的建筑教师，对景观、园林很有研究，出版过许多有关近代、现代景观方面的著作。对日本园林也很有造诣和独到的见解。

三原市艺术文化中心
垂直的树木与水平的地面相互衬托。树池有水土保持功能。

难的，古来如此。建筑只注重自身的形态，勒·柯布西耶的萨伏伊别墅，也是把作为背景的绿化视为景观，建筑漂浮在绿地之上。如果把萨伏伊别墅的周边用围墙隔成庭院，那将是极其困难的。槇先生设计的建筑也有类似的情况，一系列的作品也有把景观作为背景的，比如"三原文化中心"等。在最初见到该建筑时，也会给人一种类似别墅的感觉，不是吗？

槇 "三原文化中心"的情况是这样，建筑物的周边是公园，公园与建筑之间，有倾斜的种有植物的地面，植物较少的地方有儿童玩耍，附近的人们也常常来这里散步，是一处很有活力的地方。建筑平台与之相配，更显现出一种情境，我想这就是形态的力量吧。

细部处理

三谷 我认为，现代主义的方向之一就是"要素化"。到19世纪，不论是整体式还是风景式，景观构成都是以树木围合成庭园，这种做法遭到了很多批评。如果是现代主义，地面就是地面，绿篱就是绿篱，树木就是树木，对要素的分解非常重视。特别是景观设计师在设计时，将分解的语言要素重新组合，便可以创造出新的空间。这就是我对现代主义的解释。

我自己在做设计时，也是园路是园路，铺装是铺装，植物是植物。同样的地面，也常常采用差异化的组合，来创造全新的空间效果。并不是把树木就那样种在地上，地面

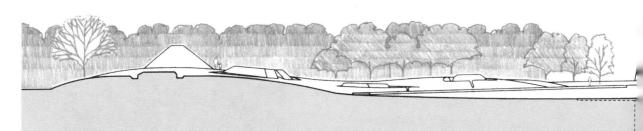

0　5　　　　　25m　　　　古墓群　　　　　　　　　　　　　　　　　风穴

也不一定是水平的，而是将它们视为立体的要素，其连接点更是非常重要。槇先生不是也常常谈到，建筑的面与面交接的细部设计吗？

槇 细部设计确实可以产生完全不同的效果。建筑设计时，接触各种要素，考虑它们之间的界面处理也很重要。我们在设计时，会尽可能把这些考虑清楚，只有在这些都考虑清楚之后，建筑要做成什么样子才能够表现出来。当然，这种情况建筑与景观是一样的，而且，我们认为这也会产生活力。但是，这并不局限于现代主义，古典建筑也是如此，其实，界面连接节点的处理，历史上一直以来都是这样。

这里还有一个，设计师对此关心到什么程度的问题，有好的处理方法，会带来喜悦，可以调节整体氛围。

三谷 特别是景观，水、土等可塑性素材的结合部，更是这样。而且，水中的落叶等细节，也非常重要，可以形成各种阴影，自然形成的这些偶发性效果，还可以反映

风之丘
东西剖面图。将场地塑造成椭圆形的凸起曲面，向西南倾斜，北侧是灵堂，西侧是发掘出来的周边带有沟的古墓群。中央设置了风穴，风吹过时会发出声音。

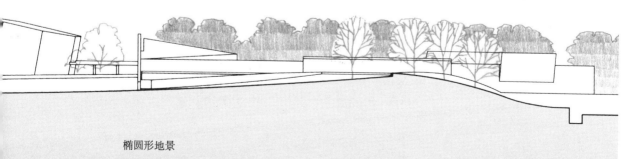

椭圆形地景

出很有意思的自然脉象也未可知。

在要素与要素的连接方面，最重要的：是建筑与景观之间的连接处理吧。

槙 这当然是最重要的。

三谷 在设计"筑波研究所"中庭的时候，我把植物种植面提高，在建筑的底部种植了一片浓密的灌木。槙先生到现场来的时候说：还有这种做法啊！于是便确定了下来。

槙 是你说的那样吗？我基本上已经把自己说的忘了。那正好是外部环境与建筑之间的联结点，当然是非常重要的啦。我们在思考建筑的时候，头脑中全是各种关系问题，这是个永恒的课题。

地形塑造

三谷 地面倾斜的课题最早是"风之丘"，那里的景

风之丘
73页：从椭圆形风穴处看灵堂。
本页下： 南北剖面图
葬祭场各部分分别与椭圆形地景相协调，像雕刻物一般。

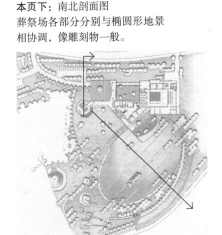

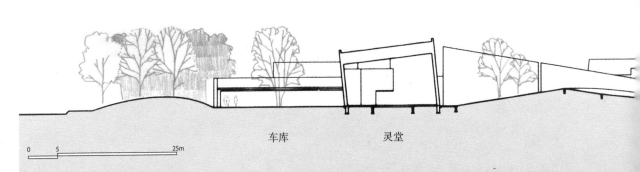

车库　　　　灵堂

0　　5　　　　　　25m

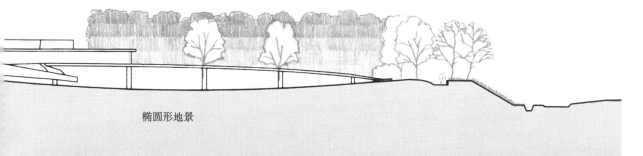

椭圆形地景

观道路，被尝试着像雕塑一样处理成倾斜的。那时候，无论是哪里的公园，景观道路大多数都是可以变化的，基本上没有只注重功能的平直的景观道路。

景观道路是人们步行的地方，身体与大地接触的处理方式，是最重要的大事。例如日本园林中的石汀步，就是高度发达的文化表现。"风之丘"虽是简单的椭圆形道路，然而，在道路横断面处理上使之连续变化，在景观环境中加入了非水平的因素，实际上，是建筑与景观都有一些倾斜。

　　槙　"风之丘"的灵堂具有建筑与公园一体化的特征，如果将公园设计成用来衬托壮观的建筑物的话，那就有些怪怪的了。因为建筑是分散布置的，每一部分体量都很小，

风之丘
从公园一侧看到的铺地景观。曲线形的园路直通灵堂，椭圆形东西贯通的排水沟使凹曲面视觉化。

I
场
所
情
结

风之丘
从庭园远望八面山。

而且表情各异，从南到北，像是从大地中生长出来的，我们尝试着，将建筑物的体量和形态均作了弱化处理。

如果谈"风之丘"的修改过程的话，当时的铃木一郎市长，希望能用它来替代旧的火葬场，所以，我们首先便从灵堂的功能开始思考，我自身也因此而获得了有关灵堂的两种极端形态的经验。一个是火葬场给人以社区中心的感觉，同时也有向先人告别的功能。要是按照这个思路，可能就会像石结构的神庙或是空港航站楼那样巨大的东西。但是，如果把这一功能的两端分开来，就会形成完全不同的灵堂形态。

然而，铃木市长的想法，市民们并不赞成。因为火葬场的烟会成为公害，我认为行得通的是，只在市民休憩的公园中建设灵堂，那之后，便请三谷先生参与景观设计。

我认为，三谷先生的设计是很给力的。说到公园，前面的对话中谈到的分散化雕塑感的建筑群体的前面，三谷先生设计了一个巨大的椭圆形景观路，凸出地面的建筑群，就是所谓的"丘"，这就是我们最初的想法。三谷先生做的几何状的形态使我们吃惊不小。

从哪里想到椭圆形方案的？

三谷　我对古坟遗迹很有兴趣，也有可能，是我当时正好在翻译约翰·比尔兹利[*10]的书。那前后，我尽是去古墓旅游了，英国的环形石壁、尤卡坦半岛的金字塔等。那之后，设计伊萨尔比罗花园的时候也有过暗示，德国参赛的景观设计师，在慕尼黑机场中央

*10　约翰·比尔兹利（John Beardsley 1941~ ）活跃在美国东部地区的美术批评家，从初期开始，一直对地景艺术十分关心，发表过许多评论文章，参与策划过许多展览，曾在哈佛等大学的景观设计学科任环境艺术教授。

设计的金字塔，也给了我很多的启示。

槙 是吗，我不记得啦。机场里有金字塔吗？

三谷 是这样，我印象很深。是利用机场施工的渣土，堆积而成的金字塔状的眺望台。在机场那些非常现代化的横向设施之中，布置纯粹的高塔，其上可以登高，看到飞机起飞、着陆的情况，很有意思。景观设计有意思的地方，就是在地面上绘制草图，或者引用以前的无用之用，去创造新时代的遗迹。

"风之丘"设计的时候我就想，几百年以后，如果这里能被人作为谜一样的遗迹，去发掘也很好，所以，现在我们是正在进行创作遗迹的工作。

槙 这里与其说，是采用分散化、雕塑感的建筑处理方式，不如说，是为了与椭圆形的曲线形成对比，创造一种小宇宙的效果。我认为与其他的发散较强的景观设计，例如前面提到的"伊萨尔比罗花园"，或是"出云博物馆"等完全不一样。

三谷 创造完整的宇宙感，对于灵堂来说，可能更有意义。

槙 先不谈设计方案采用洼沟是否合适，但是，模型做了很多个吧。

三谷 是啊，我特别主张采用洼沟方案，而槙先生却说："平的不好吗？还是不要做成洼沟吧"。这样反复说了好多次，我一直记忆犹新。但是我认为，那种形态更能凸显曲线的张力。

槙 最初曾经考虑用圆形，后来由于地形的关系，才做成了椭圆。

三谷 古墓的考古发掘，也是景观设计需重新调整的部分原因。

由于古坟的发掘，椭圆方案曾一度被放弃，又设计了一些其他方案。像阿斯普隆特墓地那样，在森林中设灵堂的方案，以及在花园中设灵堂的方案等，但是，最后还是又回到了原来的方案。

前面的谈话中曾说道，希望把"风之丘"作为现代遗迹来设计，而到真正的古坟遗址被发掘出来的时候，却很惊异。这样说来，就证实了市长以前谈到的这一场所的特殊性。八面山的北面，拥有上千年历史的"荐神社"西侧的十字交叉点，从古代就是火葬场，极为特殊。市长自己在图纸上画线对比着进行说明。

槙 是啊，从建造古坟之日开始，此场

风之丘
上：西侧复原后的古墓。
下：发掘调查时的航拍图片。在4~7世纪前后的周边带有排水沟的方形古墓周围，发现了许多火葬遗迹。现在的宝顶形状，是按照想象推断复原出来的。

所的选择，就有着各种各样的考虑。

那里是古坟也罢，是葬场也罢，是灵墓也罢，都是为死者而建的丧葬场所，而我们现在要建的是新东西。过去的城市，就是从以墓地为中心，周边住人，便于祭拜祖先的聚居形态发展起来的，这种看法也可以成立的。

协调者

三谷　前两天刚刚看过修善后的"丰田礼堂"（名古屋大学丰田礼堂，爱知县名古屋市东山区，1960年建成，2007年改建），那里的建筑外观与前面的广场，特别是倾斜的绿化广场相对应，从中了解到了，当时槙先生改变了以往重视开放空间与建筑形式的观念。

槙　是啊，设计"丰田礼堂"的时候，还在美国学习。那时候，城市设计还是新东西，很想尝试在广阔的场地中怎么看建筑。那时候的所谓广阔，既指背景，也指前景，这就是那座建筑的成因之一。那以后，从立正大学开始，大学校园基本上都是在广阔的空间中布置建筑。

"丰田礼堂"的后面有山，前面有开阔的空间，我一直在考虑是否应该把建筑做成通透的，所以最后采用了架空层的做法。

三谷　的确在上学的时候，我还记得跟槙先生学习过城市设计。但是，当时印象特别深刻的是，从槙先生那里听到的关于景观设计的事情。当然，与城市相关的涉及建筑走向如何发展的书非常多，然而，槙先生是

从什么时候开始对景观设计感兴趣的？

槙 我认为不管是城市设计，还是景观设计，如果用英语来说都是一种medium，总之是协调者的角色。

对于我们来说，希望环境能够使建筑保持安静的状态，进而创造出适宜的外部空间的工作，即是城市设计的第一步。"代官山集合住宅"将外部空间引入到内部，"金泽区综合办公楼"（神奈川县横滨市，1971年）把广场围合在中央，"筑波大学"（筑波

名古屋大学丰田纪念礼堂
80页左：将广场引入到建筑内部的大台阶及正面入口。
80页右：从架空层眺望前广场。
本页：正面远景。现代主义风格的建筑与前广场形成一个整体。有强烈的轴线感。

Ⅰ
场
所
情
结

大学体育艺术专门学群中央栋及图书馆，茨城县筑波市，1974年）、"百草团地中央设施"（东京都日野市，1969年）与广场相连，"金泽滨海小镇"（神奈川县横滨市，1978年）、"国际圣玛丽亚学院"（东京都世田谷区，1972年）用回廊与外部连接等，我们做过各种各样的尝试。

三谷　槙先生早期作品中有一个项目，"鞍池纪念馆"（丰田鞍池纪念馆，爱知县丰田市，1974年）的设计过程，一定要花点时间说一下，我认为，从中可以看到槙先生对待景观的态度。

槙　"鞍池纪念馆"，我想，有两个要点。

一个是，由于开阔的水池等一连串的风景，在用地内大部分看不到，所以，如果把南侧的用地切削掉一部分，将用地改造成斜面，则可以使人正好能看见水池，借景鞍池，整个环境就会充满活力。

另一个是，与"风之丘"相同，建筑构成呈三角形，从开口部可以看到许多不同的景色，同时，又可以将开口部看到的风景组合起来，产生洄游性的效果。

三谷　此前谈到的"鞍池"项目，给人以非常丰富的序列感。学生时代只注意建筑内部空间的构成，以摄取风景作为原动力的方法，在这里也可以看到。但是，像先前所说的，向着水池做成斜面也许会更好。

槙　啊，从现场看，再切斜一些就更好了。

三谷　槙先生所做的事情，完全与过去的园艺师做的一样。

槙　园艺师谈不上，目前所做的，只是

丰田鞍池纪念馆
83页左：入口及对面的大树。
83页右：从平台上远望倾斜的绿地及鞍池水面景色。

凭借经验，将地形修整到恰到好处，同时，再将建筑抬高一些而已。

三谷　但是，庭院中的大树并不是保留下来的，而是重新种植的吧。对地形进行改造，对植物配置进行设计，这不就是园艺师应该做的工作吗？

"鞍池纪念馆"在槙先生的作品中，我认为采用的是群体造型，与此相反，同一时期的另一个作品，"岩崎美术馆"（鹿儿岛县指宿市，1978年）则采用的是所谓"别墅型"。

槙　是啊，那确实是"别墅型"。那以后的富山YKK的宾馆（前泽花园酒店，富山县黑部市，1982年）也是"别墅型"。

有很多机会在田园中设计建筑，大多数可能都是今天所说的"别墅型"。"岩崎美术馆"

是其中最早的，就特征而言，在日本，普遍会设置缘侧和出檐等中间领域，这种情况下，会用各种方法，在建筑的外围设计结合部。

现在与三谷先生一起设计的"东京电机大学"（东京电机大学东京千住校园，东京都荒川区，2012年），也是开放的"别墅型"。在广场的正面设置出入口，形成一种开放的中间领域的效果，也可以作为平台使用，迎接外来的客人，或是作为室外舞台。这样，建筑物就可以既保持静谧的别墅效果，又同时拥有热闹的公共活动场所。

三谷　大概"别墅型"的情况，我想，是室外空间均作为风景或城市领域的一部分来处理。然而，先前所说的群体造型的情况，则是以建筑群体作为界面，将外部空间包围

起来。例如，"鞍池纪念馆"是将一部分自然围合成内院，而"代官山"则是形成开放的活动场所。建筑与外部空间的关系各50%，可以看出，槇先生对景观环境的重视程度。槇先生您中意的室外空间设计方法，是"别墅型"？还是群体型？

槇　正好相反。

三谷　正好的意思，是完全一样？还是……

槇　也许并不是那样。我自己对"岩崎美术馆"那种，从外部就可以看到整体造型的设计比较有兴趣，而所谓的"别墅型"建筑，并没有什么公共性。美术馆的用地基本上，没有多少可供人们步行活动的场所，所以，我才将地形进行切割改造。

最后，还在其中加入了景观设计，这是一种使空间更加丰富的操作手法。

实际上，有希望创造充满活力的广场的情况，也有利用大树形成安静场所的情况。"代官山"那样的花园情况，围合成庭院的情况，作成镇守神社的情况等，各种各样的考虑都有。

我回到日本以后，比较起来，从工作中还是受益很多，积累了许多外部空间处理的经验，所以才能够灵活运用。你与各种建筑师都合作过，不同的建筑师，会有不同的思考方式，很难做吧，结果也完全不一样吧。

三谷　当然，结果完全不一样。不过最基本的是，我们找的建筑师都对景观感兴趣，而且都事先交流过。

槙　果然都不一样啊！现在是个性充分表现的时代。对于外部空间的思考方法也与你不一样吗？

三谷　是啊，特别是许多建筑师在一起的时候，就更加复杂了。针对不同的建筑，就像槙先生所说的，外部空间不得不成为协调领域。这怎么说呢，既要了解建筑师的设计理念、建筑的风格，还要协调街道周围的环境。我很高兴的是，建筑师要做成什么样的风格，我就要考虑怎样做新的尝试。这种事情并不是直接对话，对方也不会用语言来说明。我必须很熟练地了解对方的意图，在消化理解之后，用景观的方法反映出来。在帮槙先生设计外部空间的同时，我便认识到，这是一个新的挑战，可能槙先生自己也有这种意识。这说明，景观设计也有很惊险的部分，了解建筑师的意图非常关键！

槙　当然，风景、自然怎样考虑，城市怎样考虑，生活在其中的人怎样考虑，是我们在建筑与景观整体环境构成中，通常思考的重点，从这些我们关心的东西出发，做设计还是很有乐趣的。我认为，景观设计师与建筑师，在共同关心的问题上，实际上是合作者。

2009.9.7/12.18

1　纪念馆入口
2　休息平台
3　鞍池

丰田鞍池纪念馆
总平面图。无法看到鞍池水面的原因，是由用地南面的丘陵造成的。

0　　20　　　　　　100m

Ⅰ 场所情结

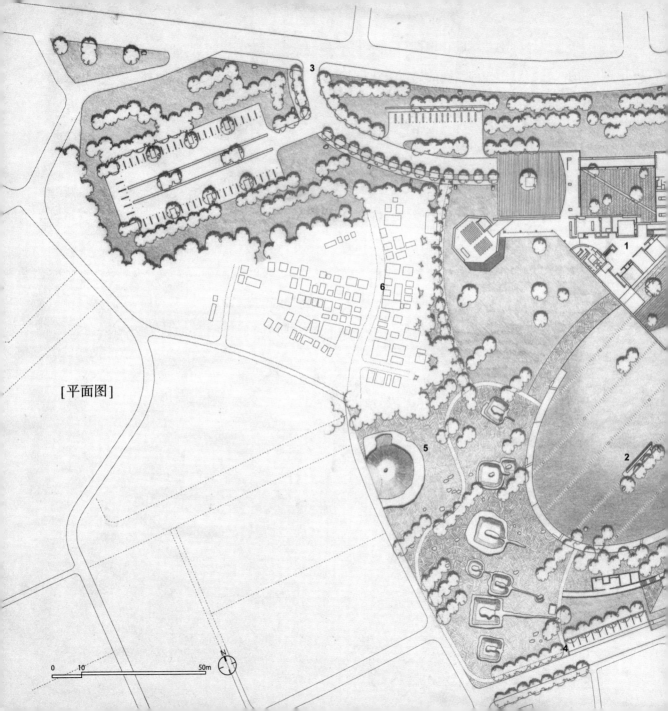

[平面图]

0 10   50m

N

1 风之丘灵堂
2 风之座凳
3 灵堂入口
4 风之丘入口
5 发掘古墓群
6 旧墓地

风之丘地处山国川河岸的丘陵地带，与邻近的藏神社、鹤市八幡宫等有着密切的关系

● 风之丘
所在地：大分县中津市大学相原3032-16
主要用途：火葬场、灵堂
业主：中津市·三光村
■设计
[建筑]
槙综合计画事务所
槙文彦　若月幸敏　横田典越　高田广
美　上西明
[结构]
花轮建筑结构设计事务所
花轮纪昭　滝泽伸
[景观]
三谷彻　长谷川浩己　铃木裕治　杉浦
荣　藤岛义晃　小岛一之
■规模
用地面积：33316.85m²
占地面积：2514.50m²
总建筑面积：2259.88m²
■用地性质
地域地区，无指定
■工程
设计时间：1992年8月~1995年1月
施工时间：1995年3月~1997年2月

建设用地在九头龙川冲积平原的水田之中，与小稻津聚落相邻。

● 福井县立图书馆·档案馆
所在地：福井县福井市下马町51-11
主要用途：图书馆、档案馆
业主：福井县
■设计
[建筑]
槙综合计画事务所
槙文彦　若月幸敏　近藤良树　川崎向大　蜂谷俊雄　横田典雄
长谷川龙友　荒井浩介　今泉纯　妹崎哲也
（设计监理协会）
[结构]
花轮建筑结构设计事务所
花轮纪昭　白垣宣治　滝泽伸　泉秀和
[景观]
ONSITE计画事务所
三谷彻　长谷川浩己　铃木裕治　丹野丽子
■规模
用地面积：70246m²
总建筑面积：18436m²
■用地性质
地域地区　城市规划区域　城市化调整区域
■工程
设计时间：1997年10月~1999年3月
施工时间：2000年11月~2002年8月

1　图书馆
2　档案馆
3　进入路
4　车库
5　庭园

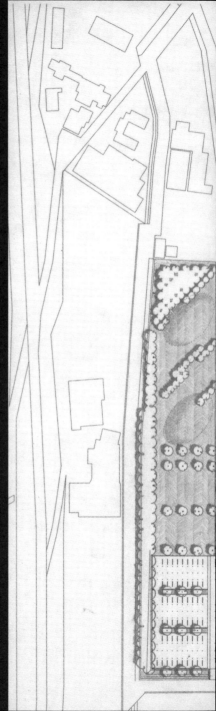

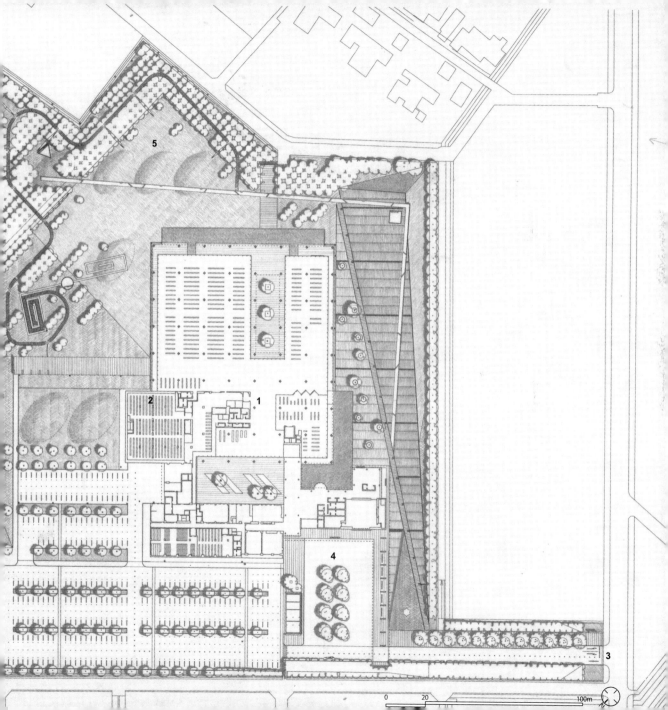

5

2   1

4

3

0   20   100m

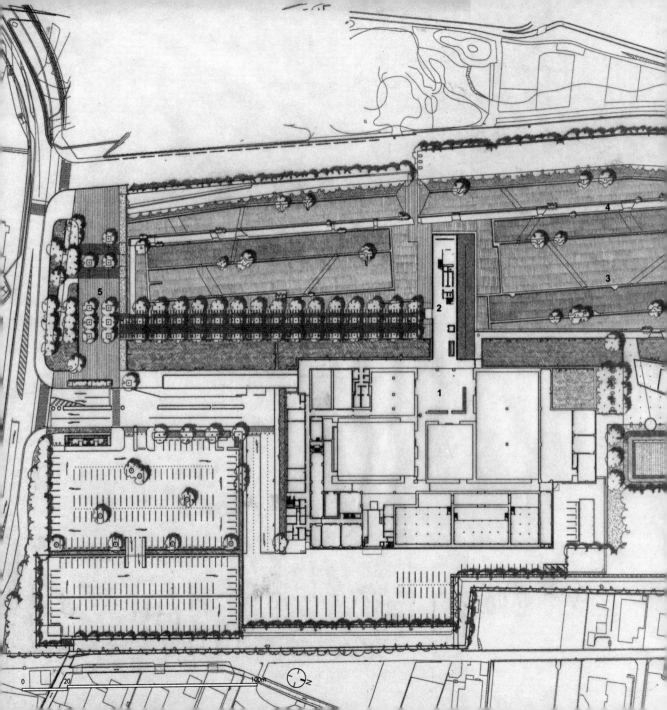

1 博物馆
2 入口门厅
3 风土记之庭
4 风土记之路
5 商店
6 体验学习栋

建设用地在出云大社的东侧，北面有名为"真名井"的泉水，远处是八云山。

● 岛根县立古代出云历史博物馆
所在地：岛根县出云市大社町杵药东99-4
主要用途：博物馆
业主：岛根县
■设计
[建筑]
槙综合计画事务所
槙文彦　福永知义　近藤良树　池田佐雄　蜂谷俊雄　久
野大辅
寺本建筑·都市研究所（协助）
[结构]
花轮建筑结构设计事务所
花轮纪昭　滝泽伸
[景观]
ONSITE计画事务所
三谷彻　户田和佐　金光弘志　丹部一隆
■规模
用地面积：56492m²
占地面积：9445m²
总建筑面积：11855m²
■用地性质
地域地区　第二类居住地域　城市规划区域内（法22条区域
■工程
设计时间：2002年3月～2003年10月
施工时间：2003年12月～2006年3月

艺术文化中心地处现有的宫浦公园内、近邻新干线高架铁路、北面和东面可以看到山。

● 三原市艺术文化中心

所在地：广岛县三原市宫浦2-1-1 宫浦公园内
主要用途：剧场
业主：三原市

■设计

[建筑]
槙综合计画事务所
槙文彦　若月幸敏　鹿岛大雄　德重敦史　今泉
纯　佐藤和夫
西村恭史　空刚士

[结构]
花轮建筑结构设计事务所
花轮纪昭　滝泽伸　黑势圭子

[景观]
ONSITE计画事务所
三谷彻　铃木裕治　丹部一隆

■规模

用地面积：39553.68m²
占地面积：4054.03m²
总建筑面积：7421.58m²

■用地性质

地域地区　商业地域　城市公园内

■工程

设计时间：2004年4月~2005年9月
施工时间：2005年10月~2007年10月

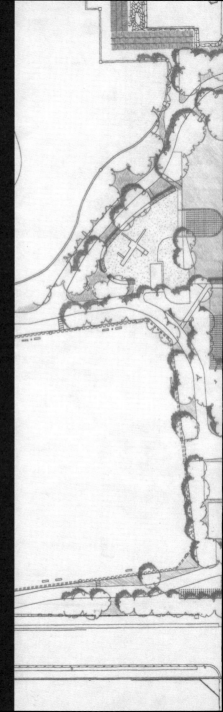

1　文化中心
2　绿化广场
3　停车
4　新干线

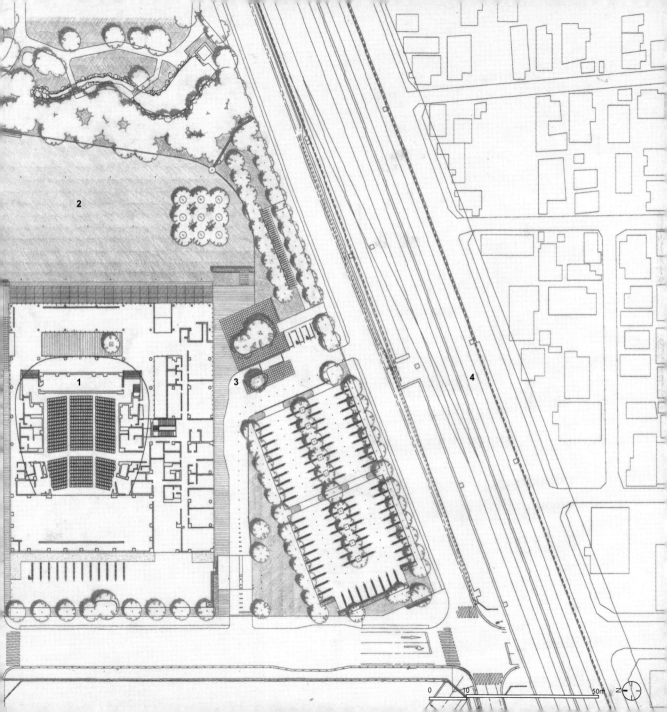

1

2

3

4

0   10   50m

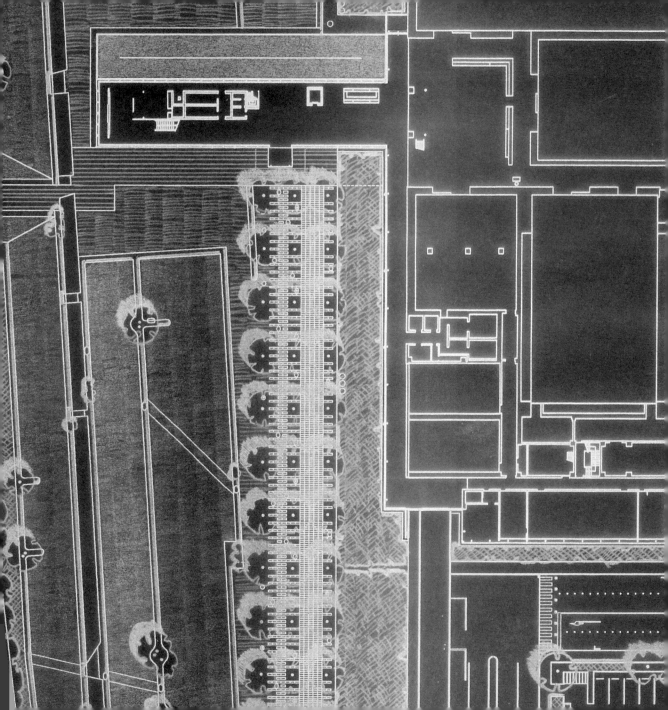

II

场所创造方法谈

嘉宾：篠原修
戴维·巴克
北川FURAMU

创造风景

日本的桥梁、水坝、道路，都是以同一种方法设计实施的，原本巨大的构筑物，基本上都不需要艺术设计效果，篠原修一语道破。现在的状况是，从纵向的行政利害关系上，将土木和建筑强行分割开来，致使两者的设计视点完全不能整合在一起。但是这种状况，特别是第二次世界大战以后，却越演越烈。篠原列举了许多战前建筑与土木协同设计的实例，同时，也谈到今后土木与建筑，以及景观设计之间的关系应该有所改变。

雨中的"风之丘"

篠原　首先我想对"风之丘"做个简要说明。2002年，我孩子的婚礼在大分县的"风之丘"举行，从杂志上知道了"风之丘"，便从中津前往参观，正好赶上下雨，我觉得很有意思，一个人举着伞在雨中步行。

三谷　是因为下雨，才觉得很有意思吗？很幸运啊，能够遇到景观与天气相配合的情况。

篠原　这怎么说呢，当时"风之丘"，你也知道，给人一种与宫崎西都原古墓群相像的感觉。西都原是不是天皇的陵墓？体量大的有两个，小的半径也在七八米到十余米，多集中在河岸旁的丘陵之上，沿河排开，环境氛围极佳。

"风之丘"与雨中步行，均给人以一种与殡葬氛围十分相合的感觉。这是第一次见到槙先生与三谷先生合作的项目。

从景观转向设计

三谷　建筑与土木的关系既近又远，今天篠原先生的到来令我们非常高兴。东京大学工学部1号馆的右侧是建筑学科，左侧是土木工程学科，左右对称分置两边。而造园学科则在多佛尔海峡的对面，所谓多佛尔海峡，就是将东京大学本乡校园分开的"言问大道"。

篠原先生对景观很有研究，设计团队在不同的领域中，都取得了不小的成绩，今天可以跨越建筑、土木、造园三个学科进行讨论。

篠原 我有一种我是土木代表的感觉。今天，学土木设计的人做景观的非常多，我在撰写有关景观设计的毕业论文的时候，也就是1965年前后，一直认为景观不是土木。

当时，土木做景观的仅限于高速公路，即使包含生态学的内容，也只是针对地形，因地制宜地设计道路。我的硕士论文是最早关于道路景观方面的论文，主要是针对地形变化，或是从高处向下俯视时，景观应该如何处理。

在这方面集大成者，是比我早一年毕业的樋口忠彦先生，他编辑出版过《景观的结构》一书。

三谷 《景观的结构》一书有英译本，我在哈佛大学GSD时，大概是1985年前后，曾经看到美国学生在读这本书，非常吃惊。但是怎么算，这本书也是景观方面的重要著作。

篠原 是这样啊，樋口先生的博士论文，受到著名的建筑外部空间研究者芦原义信的称赞。而土木界更多的人开始对景观有所认识，还是1965年以后的事情，这以后，建设省的土木研究所，合并到了东京大学的农学部。对桥梁设计开始关心，是我40岁左右的时候，也就是1986年前后。我一直从事景观方面的研究，但却并没有受过设计方面的教育，直到开始做些景观设计，才有了一些贡献感。由于机缘巧合，接连接到桥梁设计任务，数年后，河流的项目也做，最后又开始设计水坝。40岁以后，才开始设计活动，而且目前所做的，基本上都不是建筑方面的项目。

土木学科学生时代，虽然也有制图方面的训练，但是，与建筑学科的课程设计完全不一样，仅仅是结构计算和确定断面尺寸。所以，那不是设计练习，而只是计算练习。但是，听说第二次世界大战之前，土木学科的学生，也要做结构方面的毕业设计，而战后的情况却不一样，变成了论文至上。

桥与现代设计

槇 我上大学的时候，是1949~1952年，实行旧体制最后的3年，刚巧那时候是丹下健三的老师岸田日出刀先生在教授设计课，土木学科的人也一起来上课，我记得，这是建筑与土木唯一一起要上的课程。

篠原 我上学的时候，岸田日出刀先生在教"桥梁美学"这门课。

上：萨尔基那托布尔桥，罗贝尔·马亚尔（Robert Maillart）设计，1930年。马亚尔一直关注于新时代的钢筋混凝土结构，设计了三铰混凝土拱桥。在萨尔基那托布尔桥上，可以欣赏到瑞士的山峦景色。

下：日本桥。现在的两连拱石桥，是妻木赖黄设计的，1911年建造。1964年东京奥林匹克运动会开幕之前，首都高速公路从桥的上空跨越而过。1999年被确定为重要文化遗产。

槙　我想当时，桥梁美学由建筑学教师来教也比较少。印象最深的案例，是瑞士山中横跨溪谷建设的桥梁。

篠原　罗贝尔·马亚尔（Robert Maillart）的萨尔基那托布尔桥（Salginatobel Bridge）？

槙　是的，虽然没有见过实物，但却留下了非常深刻的印象。

篠原　是啊，西格弗里德·吉迪恩（Sigfried Giedion）的《空间·时间·建筑》（1941年出版）一书中，收录了许多土木方面的人，结构设计的人也有。

槙　桥梁建在自然环境之中，山川河流是必然要考虑的。从古代至今，我们的祖先也在内，设计了很多非常有特色的桥梁，被作为世界遗产保护起来，那是很自然的啦。

三谷　我是从去美国开始，改变了对桥梁的兴趣。

美国有很多地方的自然环境没有被开发，仍然保持着原生态，桥梁在这种地方就显得特别突出。在溪谷上架桥，桥的侧面一定是无法到达的，但是，在通过桥梁时，却可以看到周围山峦起伏的美丽景色，是一种能够产生人工与自然对比、构筑新景观的典型。

槙　很有象征性和挑战性啊！

三谷　其实，如果说架设桥梁的地方，强调的是地平线的位置，倒不如说，是在强调山的高度。桥梁对于景观来说，是非常有意思的东西。

土木与建筑的境界

篠原　原本在18世纪时期，建筑与土木是一起的，但是在日本，情况有些特殊，做设计的人有些悲哀。

三谷　哪些地方特殊？

篠原　19世纪开始出现钢结构建造物，特殊的计算成为必需，建筑师也要具有工程师的专业技术职能，那以后，建筑师不管是桥还是建筑都设计。在欧洲直到现在，桥梁也是由建筑师与结构工程师一起，组成设计小组来进行形态设计。

但是在日本，却是分开来的，建筑师只设计建筑，桥梁、水坝由土木工程师设计。所以，设计人接触桥梁的机会越来越少，正好与专业工作方法相反。

槙　明治维新的时候，这种专业分工已经开始了吗？

三谷　但是，篠原先生根据调查，第二次世界大战前，也有很多很美的桥梁，这是不是随着战争、社会结构的变化，设计师、建筑师的工作内容，也跟着发生了变化。

槙　当然，这种情况也有。明治时期，设置了各种各样的公共管理机构，例如电信公司的前身就是通信省，另一个是铁通系统，建造了很多非常气派的建筑物。在日本，这些地方一般的建筑师是进不去的，所以留下了很多很好的建筑，这是很有意思的事情。

篠原　如果说到桥梁，在战前，桥梁的本体由土木工程师设计，造型由建筑师与土木工程师一起设计。最容易理解的是"日本桥"，该桥的工程师是桦岛正义，建筑师是妻木赖黄。

槙　原来是妻木赖黄先生设计的。

篠原　是啊。那以后，关东大地震之后的桥梁，都被山田守接到通信省去做了，他下面有山口文象，数寄屋桥的设计、浜离宫桥的设计，都是他们做的。

很像欧洲的做法，建筑师握有设计的主导权，战前都是由土木与建筑一起组成工程组做设计。但是战后，却完全不同了，从世界范围来看，日本的这种土木与建筑分开的做法，是不是有点特殊。

槙　是啊，就像今天说的那样，战前的情况，是个人与个人组合在一起，很显然，是受到了共同协作的时代影响的。

篠原　共同协作的做法自然是原因之一，但是，战后出现的标准化设计，大干快上缩短工期的做法，可能也是主要原因之一。新干线的车站就是典型的标准化设计。

槙　当然，这样也会有反作用。

篠原　土木这边的反作用非常迟，总之，土木工程师多是政府顾用的工程师，而建筑师个人开设计事务的却很多，所以，提出不同意见并不奇怪。

槙　是呀，但是我认为，日本也有一些规模相当大的土木工程顾问公司和设计事务所，我在做幕张会展中心的时候，停车场与建筑本体之间的天桥，就是土木工程顾问公司设计的。

篠原　但是，也不能以土木工程顾问公司的情况一概而论，在设计技能的培养体制方面，大学期间并没有受到良好的设计训练。

槙　所有的大学都这样吗？

篠原　东京大学的土木学科有设计方面的训练，但是，在土木学科中也是特殊的。

战前开私人事务所做桥梁设计的少之又

少，只有4个人。设计日本桥的桦岛正义以及增田淳两人，是仅有的为政府服务的优秀工程师，设计了许多县或市委托的公共项目。战后，这种情况几乎绝迹，战后的顾问公司在桥梁设计方面受益不少，但并不是政府委托设计，形式上只是咨询，所以也就没有知识产权。

三谷 我对土木学科桥梁设计有这样的印象，在读建筑学科的时候，美术部的亲友去了土木学科，我听说，他的毕业论文也是景观设计方面的，他一直致力于对市民的调查。其研究的前提是，将各种各样桥梁的照片给市民们看，由市民投票来确定哪个是最好的设计，我对此感到非常吃惊。

篠原 这完全弄拧了呀。（笑）

三谷 市民的意见可能也很重要，但是，我们这样受过建筑设计训练的人，会觉得很拧吧。

那是30年前的事情，实际上，今天也还有类似的情况。我认为，现在造园学也应该恢复设计训练。差不多10年前，选择毕业设计的人已经非常少了，现在以毕业设计毕业的学生连10个人都不到。就像篠原先生说的那样，研究至上主义影响很大。这样一来，设计景观也一样，便要对市民的意见加以收集、整理，

分析谈不上，只是以听取意见为主，最终的结果则是少数服从多数。但是，设计是非常个性化的，带有很强的个人人格色彩，所有人都认为好的东西，是没办法设计的。

篠原 果然，是由明治时期的官僚体制所引起的。

槙 啊，是呀。

篠原 例如欧洲有名的土木工程师埃菲尔、普鲁内尔（音译）等，都是民间事务所的工程师。

埃菲尔铁塔是竞赛的中标项目，而日本战前，有名的工程师都在政府机关工作，美国的工程师也是民间的。

槙 所谓的营缮机构，都是明治时期日本政府设置的，也做了很多很好的设计，而且，该机构与民间事务所是完全分离的。

篠原 明治时期，急迫追求现代化。铁道呀、桥梁呀等，都是日本现代化的基础设施，所以，政府有责任把它建设好，这也是理所当然的。

槙 建筑这边还好，日本当时是以法国为榜样，王室设有建设局，是官僚机构的形态，作为当时国家的组织机构，最重要的是效率。

篠原 以政府机构为主体。

槇 像英国的RIBA那样，自由职业的建筑师组织形成之前，法国那样的官僚机构已经存在了。在急迫追求现代化的明治时期，日本对德国、法国、英国的那些好的做法都进行了考察，特别是对公共问题，可能还是认为法国的组织形态更好。但是在建筑教育方面，日本是以德国工科大学的做法为范本的。这些有一半是我个人的推测。

协作

三谷 这中间，篠原先生在成立工程组时，我想，是在用风洞那样的超越专业分工的方式，进行综合设计的吧。

篠原 最初并没有那样的想法，以组织形式协作的理由，是因为，我对桥梁的结构比较在行。所以，在进行桥梁的设计时，不可能不将工程师组合到工程组中去。

槇 我们也是一样（笑），建筑、结构、设备一起组成工程组。

篠原 啊，思考一下看，建筑专业的人一直都需要与人合作。另一个理由是景观设计都是很大的项目，风景是不可能一个人完成全部工作的。如果是庭园，也许一个人还行，但是，风景是需要各种人一起参与设计的。

城市规划师加藤源先生曾经问过我，旭川车站及周边地区的事情能否给予一些帮助。那时加藤先生自己在做城市规划，土木方面的问题（事情）并不懂，但是，又必须架设桥梁、建造高架立交，所以他希望我也加入。建筑方面的内藤广先生，也于1996年开始加入该项研究工作。

这种组合协作是必然的，但根据对象的不同，标准和深度要求也不一样。现在大部分项目，都是由城市规划师与我这个土木工程师协作，以城市设计作为中间的联结点，然后家具设计师，以及为传承历史脉络而邀请的历史研究人员，也一起加入了项目工程组。

槇 篠原先生所讲的这种方式中，土木包括景观设计的情况，是否有所增加？

篠原 很遗憾，我的情况有些特殊，我们那个年代，土木出身的，自己做景观设计的人很少。做景观研究的，比我早5年的有中村良夫，其后是樋口先生和我，我之后还有几个人。然而，实际做工程的我是第一人，我对我的学生一直也是这样培养的。

三谷 这些人在读期间，进行过设计实习吗？

篠原　实习过。

三谷　我认为，如果有实际实习的经验，便是迈出了协作的第一步。把自己的朴素的想法，原封不动地拿出来，相互批评、相互启发，是设计工作室的工作方法。我觉得，这样能够使人感觉到，在一起工作很有生气。建筑学科非常幸运，从过去至现在，设计工作室的人都必须学习各种专业知识。

篠原先生请建筑方面的内藤广，来教东京大学土木方面的设计课程，做了什么样的改革吗？

篠原　我虽然也懂设计，但是要真做的话，并不专业，所以请内藤广先生来教设计训练课程。不过并不是设计单体建筑。

三谷　举例说，是什么样的课题呢？

篠原　内藤广先生教的课是GS（景观设计）集训。每年一周的时间，全国各地来的学生集中在一起，以工作营的方式训练。有建筑专业的人，土木专业的人，美术系和造园专业的人也有。第一个题目，是东京站前广场与御幸道应该怎样设计。有车站和新丸大楼等非常具体的条件。不仅我和内藤先生有讲座，而且，工业设计方面的人和城市规划方面的人，也有讲座和讲评，非常精彩。

我想，建筑师当然讲评建筑方面的东西，而造园方面的人、土木方面的人，也参与一起思考，这种做法不是也很好吗。总之，自己的工作可能并不是建造大楼，当然，这也不是最终的目的。

槙　是这样啊。

土木设计不能只靠自己

三谷　我想就教育体系而言，建筑、土木、造园是分开的，但是，从日本文化源流来看，还是有一些共通点的。这几个专业不仅对象不同，而且，设计上也根本不一样，所以我认为，最大的问题是设计体系完全不同。

我自己从当初涉猎建筑，后来又接受景观方面教育的情况来看，设计的感觉根本不一样。建筑最基本的工作是组织空间、创造空间，而景观则是通过植物、水面的变化去营造空间氛围。这样说来，不仅素材不一样，实际形态也完全不同。所以，这些全部由建筑师一个人来设计，不是很困难吗？在不追求实际销售量的时代，像达·芬奇那样的天才也许还行，但是在今天，这种追求速度的年代里，不同感觉的设计师的存在，才是更

苫田水坝
作为水库的奥津湖与横跨中央的苫田大桥。景观设计是篠原修。曾获得优秀设计奖。

重要的。

我感兴趣的是，成立土木设计工作室，土木设计与建筑设计在很多地方不一样？如果不强调这些，土木设计就做不好的情况有吗？

篠原 有。

槙 啊，很重要的问题呀！

篠原 我曾经写过这方面的书，土木工程设计桥梁、泊岸护坡、堤坝等，虽然还可以，但是，在形态方面，自己却不能很好地处理。

槙 喔，是这样。

篠原 自己不能很好地处理的原因，一个是没有明确的形态，总是与地形一起形成整体。例如这张照片，看起来是很普通的桥，被地形遮挡了一部分，变成了非对称的桥，这是很基本的。

槙 景观也是这样，尺度很大的，都有同样的问题吧？

三谷 是啊，景观的情况更是这样，形式可能也不能明确。简单说是什么都没有，水池、树木本身都是自然的东西，从某种程度上说，是在创造自然，倒过来说，应该是消除人工的痕迹。在这里，设计教育变没了，隐藏着一定的危险性，我想是有特殊性的吧。

篠原 与三谷先生最后设计的东西不一样，土木最基本的是解读地形，构筑物建在哪里才合适。我认为建筑在过去也是这样。

三谷 篠原先生给我看介绍苦田水坝的书的时候，我就认为，这是个非常好的水坝。虽然标题写着苦田水坝，但是看照片，却哪里也看不到水坝，只有湖与山。"这就是水坝的设计概念"，用照片直接来传达。

槙 我读了篠原先生的书以后，思想有所改变。一直对日本的自然环境担忧，而这个水坝的理念，却正好与设计师关心的东西相吻合。去国外旅行，常常会看到那里有不用令人担心的自然。所以，人们在进行建设的时候，哪些应该做，哪些应该保护，这种意识是非常清楚的。因此，与自然相斗争、征服自然的观念，便应运而生，同时，还出现了强调人工创造的情况。篠原先生在日本的自然环境中，设计水坝的时候，当然是要很好地与周围的环境相协调吧？

篠原 我大致认为……入口是需要景观处理的。我是学习了景观之后，开始设计的，简单地说，例如设计桥梁时，与将桥梁形象做得漂亮相比，整体景观的效果更加重要，我的情况就是这样。

槙 是这样啊。

篠原 原本在日本，建筑师在某种程度上，也是如此吧。

槙 我也这样认为。日本建筑大多强调水平性，对作为背景的自然非常重视，虽然也有用屹立这个词来形容建筑的，但是，却没有讴歌垂直性的。当然，日本也有塔一类的建筑，日本的塔也很优雅啊。

建筑师槙文彦与现代主义

篠原 正好有个相反的问题请教一下可以吗？我对城市建设很感兴趣，与桥梁建造相关的前辈们，在进行桥梁设计时，考虑城市吗？对河流、人、城市是怎样考虑的？我对这些问题进行了调查。最近，我散步时正好看到一些建筑，不知道建筑师从建筑的角度，是如何考虑城市建设的。

槙 散步时看到什么建筑？

篠原 例如前川国男先生是怎样考虑广场设计的？对于街道又是怎么样考虑的？已经过世的宫脇檀先生，对住宅用地又是怎样思考的？槙先生在战后接受的是现代主义建筑教育吧？

槙 曾在东京大学丹下健三研究室学习，后来又去了哈佛大学。

篠原 但是，让我吃惊的是，槙先生等人的书《看得见的未来城市》（鹿岛出版会，1980年），给我的印象，槙先生是现代主义，是不是这样？在读芦原义信先生的书的时候，我也有这样的感觉，在设计第一线工作的人写的书，比在学校做研究工作的人写的书要好。

一同（笑）

篠原 槙先生接受的是现代主义建筑教育吧。

槙 是的。

篠原 这也是不能自主的事情，当然并不仅仅于此，原本就是这样啊。

槙 自己在思考建筑的时候，不仅要考虑到这里来的人，还要考虑住在这里的人，要针对人的活动情况或建筑感觉，来判断这里要做，这里不能做，或是这里比较好，那里不太好。事实上，这也是非常重要的评判标准。

对新建筑的提案也是如此，使用人真正的使用要求，怎样对居住更合理，这些不论什么样的场合，都是必需的判断标准。这些超出了现代主义形式的范畴，建筑本来应该是什么样的问题。当然，自己出生和受教育的地方，会对自己产生很大的影响，包括很多东西，而每个人都想做自己的建筑。

今天想起了前川国男先生的话，现代主义建筑单体建筑比较多，自己设计的A建筑与B建筑之间的空间，思考应该怎样对话的机会都很少，常常就是自顾自的单体建筑。与此相反，我碰巧遇上的伊萨尔比罗花园与事务所刚开始工作时设计的立正大学的熊谷校园，都不是单体建筑，而是一组建筑群，那些经验对以后建筑观念的形成是非常重要的。这次与他人合作，共著的《看得见的未来城市》一书，主要汇集了对现存街道的看法，以及关心的情况。其中有些很深入的话题，主要是对重叠的空间很感兴趣，这是日本自古以来的一个空间特性。

国际式与全球化

三谷 我认为现代主义的概念，常常被误解为现代主义的样式，现代主义者超脱了样式的范畴。在那之前的建筑式样，已经不能使城市建筑的场所焕发活力了。如果再多说一点，去掉装饰性的东西，舍弃式样，引入简洁，就能够发现场所的魅力，但是，真的能够创造出具有场所魅力的造型吗？他们的这种说法站得住脚吗？

现代主义者最后发展成所谓的国际式，完全摆脱了任何形式的装饰，如果看一看中东或东亚地区，则有国际式正在对当地的文化进行挑战的感觉。这种强烈的感受，是我在哈佛大学上学期间，从地景艺术反观景观设计的时候领悟的。我认为，从现代主义的抽象艺术到地景艺术，都与早期的景观艺术有着一定的联系，并不是偶然的，环境艺术家们，从场所中发现场所魅力的时候，一定有什么机遇。这样做不得不匿名时，就会运用简单的几何学。简单的正方形、圆形等，其形态不仅仅是标题，更重要的是要反应出场所的特性。我认为，这才是现代主义最重要的作用。

最近在策划研讨会的时候，感到很困惑，主要是有关国际化的问题。国际化本来是指由共同的经济原理决定的世界，中国、日本、美国、欧洲都依赖同样的经济体系为基础结构，使用同样流通的建材，设计花同样的保险这种状况。在此之前，许多国家的景观设计师聚集在一起放幻灯片，结果不知为什么全都一样。

槙　三谷先生的设计不一样把？

三谷　不，我的也一样。

槙　很有意思啊！

三谷　我认为，这是在设计的背后，有着很强的经济学原理在起作用。

槙　这是设计师设计过程中的事情。

三谷　是啊，特别是钢结构构件的生产尺寸，基本上都国际标准化了，而且，构造做法也差不多一样。场所的特征也正在国际化……

槙　这种趋势很强劲呢。

三谷　强势得有些过头。大家都不知道该怎么办，作为景观设计师，我一直有这种危机感。

槙　这是很重要的问题啊。

三谷　所以说此前的设计，是背负着个人的人格特征的。与其相对的是，今天，不但要习惯接受市民的意见，而且，还面临着标准化、经济方面的国际化等问题。

母语与世界语

槙　如果用语言的历史来换位思考的话，非常有意思。在没有国界的时代，各个地区的人们，只使用自己的语言，便不能很好地生活。开始交流的时候，不能理解对方的语言，自己的语言对方也听不懂，这样，就出现了人为创造的世界语。世界语是吸收了拉

II 场所创造方法谈

丁语、梵语、汉语、阿拉伯语而创造出来的。非常有意思的是，这种人为的语言，最初只在特权阶层之间使用。使用世界语的人创造的世界语，就像是某一个国家的语言一样。当时，阿塔苏出版了《想象的共同体》（1983年）一书，世界语与共同体那样的国家的出现，也有着一定的关系，所以，语言也能够创造我们的历史。

如果用母语与世界语的关系，来比喻建筑的话，则是地域性建筑与国际式建筑。地域性建筑例如聚落，是与当地的气候、生活方式，以及地形一体化的东西。而与世界语相当的建筑，则像教会的教堂，或是寺院一类的单体建筑。

有意思的是人为创造的语言，主观意识很强，常使对方吃惊，要做得更好，现在已经开始进化了。而相当于母语的地域性建筑，在其生活安定期间，还会继续建造同样的东西。一方面，国际式的建筑进化成为一种样式。到近代以前，这两种秩序一直平行发展，产业革命打破了这种关系，聚落在现代化的过程中已经损毁殆尽。那以后，国际式建筑的规则、样式也不存在了，最后变得什么样的形式都有。在各种风格都有的情况下，能形成什么样的规则吗？在进入了这样的时代以后，刚才三谷先生说的全球化的东西，开始支配我们的生活，我们实际上就生活在这样的时代。从这个观点出发，怎样看待设计行为？怎样看待环境？我认为是非常重要的问题。

篠原 对语言方面的问题，我们并不专业。

槙 请讲，请讲。

篠原 我最近读了水村美苗的《日本语消亡的时候》（筑摩书房，2008年）一书，如果以日本为例，母语是方言，而从中国引进的汉字是通用语，将汉字与母语组合在一起，就创造出了日本语。

槙 是啊，创造出了新东西。

篠原 有三个层次，采用世界语的建筑是寺庙，用母语的是地域性住宅，此外第三个层次的东西，我认为是城下街，以及日本式的宿场街等。现在，采用世界语的建筑，首推超高层建筑。

三谷 槙先生说的情况，现在的高层建筑无论哪个国家，因为空调技术发达，建造的高层建筑都一个样。

土木的情况怎么样？我想技术的进步压倒一切吧？不会再干开山造地的事情了吧，

过去用非常糟糕的方法惹怒了山神，现在占压倒性多数的是，确立了不会惹怒山神的地形改造技术，这也是因为有了巨大的技术进步，在自然之间挣扎的结果。在日本，返归日本风土的造型可能吗？在巨大的技术进步中，会有什么样的工作感觉，土木方面不考虑吗？

篠原 那要看取哪一个时间段了。我认为，就混凝土而言，土木方面比建筑方面的寿命要长，桥梁、护岸都在野外，寿命大概是100年。所以多么巨大的技术革命，以100年来看，怎么做其实是不用考虑的。

槙 是这样啊。

篠原 如果从这个意义上讲，我的前辈，主张不要在河流上建水坝的大熊孝先生的故事很有意思。他在新潟大学的时候，带了很多土来，他曾到过去用夯土建造的防洪堤坝的建设现场，认为这是非常了不起的事情。当初曾认为，这是很幼稚的原始技术，但是仔细想想，土的耐久性非常强，比混凝土的耐久性要长得多，而且是自然材料，坏了还可以修复。这种技术上的改进，不就是选取时间段的问题吗。与自然的斗争，也就是与时间的斗争，我们架设的桥梁的寿命不过也就100年而已。

三谷 原来如此，很精彩的谈话，涉及土木技术的本质。

景观与时间相吻合而发生的变化是基本的前提，因为立足点不一样。另一方面，建筑也是这样，可能土木也一样，建造的时候，是不是也梦见过，被毁后那非常美丽的废墟？

槙 这……可能也有欧洲的废墟美学。最近经常谈论，例如高迪的"圣家族教堂"就很有象征性，非常壮丽的空间造型，几十年了还在建设之中。对于普通的日本人来说，已经到了最后阶段，还在继续，表现了土木的智慧。建设过程中也好，毁坏了的也好，之所以是美好的，是因为其孕育着某一时间断面的再现。而日本的情况是，毁坏了的话，就让它毁掉吧，是这样吧？

篠原 是这个意思啊，庭园关系不大吧。

槙 总的来说，庭园比建筑保留得好一些。

三谷 过不了几年形态也会毁坏。但是，如果以彻底毁损为前提的话，也许从长久的眼光来看，并没有损毁。我曾经写过有关庭园设计方面的论文，在学会上发表，当时考虑以植物设计为分析对象，我觉得日本的植物形成的光影效果非常美，就对京都园林中植物光影效果进行分析。这样一来，在学会中就没有了对手，这是为什么呢？我认真地思考后发现，做园林研究的人，一直认为园林中的景致是变化的。

槙　啊？有哪些变化？

三谷　园林中的景致，例如水池的形态、叠石、绿化的形态等，类似于建筑的平面布置图。日本是高温多湿地区，植物繁殖茂盛，庭园的鉴赏也好，研究也罢，都只能针对植物某一时点的状态，日本庭园的寿命，好像只能随着植物的变化，统计景致效果残留的情况。

槙　是这样啊。

三谷　另外，园艺工人施工也会使景致发生变化，如果景观布置平面图非常清楚的话，可能还能保持原来的概念和空间特征。

槙　如果按时间的阶段性来考虑的话，我自己也认为，日本独有的持续性景观和自然特征最为重要。在思考建筑的时候，人们的反应、对建筑持有什么样的情感也是最重要的。这和语言一样，但是，这些却并不限于日本人。日本人、美国人，或者其他国家的人，也都一样。比如欣喜的情感，对于任

何人来说，不都是共通的吗？人们的欢喜或恐惧的感情，从过去到现在一直都没有改变过，今后也不会改变，这是价值评判的基础。如果不相信这一点，我们设计的基础就不存在了，而只有确信这一点，才能够建立起价值评判的标准。

迟到的现代主义

篠原　原来的话题，是用语言学的方法来探讨设计，以日本语为母语固然很好，但是，现在是在全球化的语境下，应该怎样做的问题。

三谷　说到母语，我自己也听到过，质疑我为什么没有设计过日本园林。我也不是不愿意设计日本园林。

我小时候生长的环境，是战后残留下来的江户时代铁砲奉行街署的旧屋，房屋的四周有庭园围绕，是很小的庭园，很陈旧，有从丸龟藩城请来的松板，房间内总是装饰着一幅挂轴。离开那里之后，我接受了建筑与景观方面的现代教育，回过头来再看那些东西，就有很大反差的感受。

篠原　三谷先生翻译的书中，写有景观

设计师被称为迟到的现代主义者。

三谷 那句话让我联想到香山寿夫先生经常说的："建筑是最后的文化选手"。我认为绘画与雕塑是先锋，而建筑是集大成者。但是，如果看一看景观，则比建筑要落后50年左右，而且，还没有现代主义的经验。要是把这些因素都考虑进去，景观确实比相关的领域落后一些，但是我认为，落后可能也有它的好处。

当然，特别保守的也有。我在接受景观教育的时候，就遇到过令人吃惊的事情，所有教植物设计的老师，作为景观设计师，全都以建筑师的喜好设计街道，把绿化统一隐蔽起来。

一同（笑）

三谷 我是建筑出身，对此抱有反感，不希望只以此来确定成绩。

槙 那应该特意将建筑隐蔽起来才好。（笑）

东京是建筑的集合体，从视觉的角度，唯一给人以秩序感的就是行道树，所以，有没有树木是非常重要的。我认为树木的存在，与其隐蔽的作用相比，树木还有联结的功用。

三谷 说到视觉上的秩序感，我认为非常幸运的是，景观设计所使用的素材。由于技术上的限制，行道树之外没有其他的东西，而这种限制，到现在，却反而变成优点了。

槙 是啊，是啊！

篠原 最重要的是使用的素材是植物，所以，不是高手便不能胜任吧。而且，树木经过长时间的生长，对于街道景观而言，效果会越来越好。

三谷 是啊，植物的设计越简单、明确，越好。反之，若是过于复杂，破坏了基地，则反而会更糟糕，植物是很正直的啊。

2010.3.28

联结内外

嘉宾：**戴维·巴克**

出版过有关日本现代设计方面专著（《responding to chaos》）的戴维·巴克，在英国的大学里学习景观设计，在日本，曾对滨水地区的景观进行过研究，也有在设计事务所工作的经验，此后，又在英国教景观设计。在日本看到了缘侧、檐廊等之后，他便对所谓的"中间领域"非常关心。缘侧不仅仅是建筑与景观之间的过渡，而且，通过建筑看风景的这种体验，还可以使人感受到现在与过去的交融。这个话题是将时间轴引入到景观之中，再以一种新方式对发展过程进行记述。

中间领域的联结方法

三谷　对于景观设计师，也有戴维先生所说的，外部空间与内部空间这种说法，我想就从这里开始说起吧。

我以景观设计师的身份做槇先生的项目，首先就要考虑，槇先生的建筑内部空间，应该如何与外部联结的问题。我们拿到的建筑，大多是简单的玻璃盒子，是彻底与外界隔断好呢？还是尽可能地，做一些中间领域的东西好呢？例如"出云博物馆"的入口门

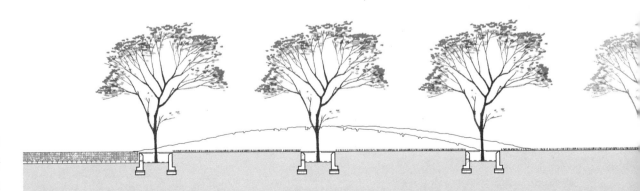

0　1　　　　5m

中庭

厅，与"三原文化中心"的玻璃门厅的对外处理，就完全不一样，槙先生是怎样考虑这些的呢？

槙　对于我们的设计来说，建筑与周边环境的关系非常重要，例如"出云博物馆"的情况，就是连隐藏在背后的山峦都要考虑。戴维先生可能也会认为，这是最典型的日本地方风景，因此首先就要考虑，以建筑与山峦的关系来确定建筑布局。作为占地7公顷的建筑，在日本已经是很宽阔、很好的了。当然，把三层高的建筑放在中央，前后围绕

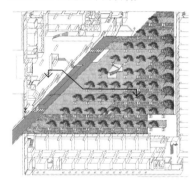

内与外的联结点1
筑波研究所，咖啡吧与中庭剖面图。
与竖向的中庭相比，咖啡吧给人以被绿化围绕着的空间感觉。用有落差的流水，消解中庭与建筑内部的高差。利用一层的玻璃与水池的高差，创造出中庭与建筑之间的均衡感及中间领域。

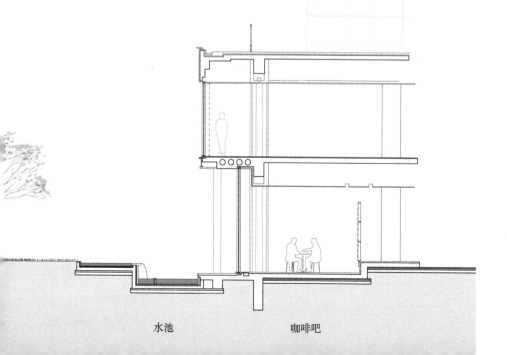

水池　　　　　咖啡吧

着庭园，也是一种设计方法。但是，我们的做法并不是将用地一分为二，而是希望以景观为媒介，来处理建筑与山峦的关系。三谷先生对此有非常好的解释，将其作为一个连续的整体来进行景观设计。

"出云博物馆"的入口门厅，采用了没有限定的透明玻璃，其主要作用是界定道路空间到此为止。作为连续的景观，在空间上分成内外，这可能是在这种特殊情况下不得不采用的方法。

巴克　"出云博物馆"很好地融入了周边的自然风景之中，这给我留下了深刻的印象。首先，将风景最大限度引入入口门厅，近前则会看到活动平台上的各色人流。如果说，什么样的建筑与周边风景的关系最好，我觉得那就是这种感觉。

槙　"三原文化中心"的情景与此完全不同，这里虽然也是希望能够把控到东方的远山，但是，"三原文化中心"的用地，却是充满了活力的城市公园，带着孩子的母亲经常会从这里经过，所以，要考虑创造一种适合休憩的建筑氛围。

场·所·设·计

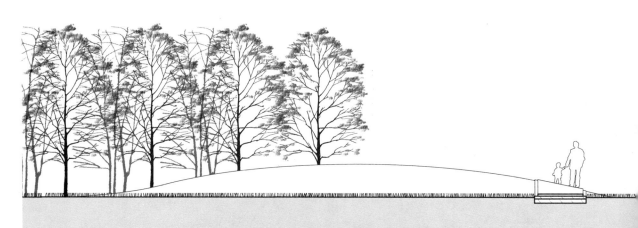

0　1　　　　5m

庭院中的道路

建筑前面保持了公园的公共性，后面的会堂，是个能够容纳2000人的巨大建筑，所以要从空间体量上予以控制，休息厅也并没有按照通常剧场休息厅那样去设计，而是与公园形成一个整体。所以，同样的玻璃盒子休息厅，也可以融入到公园的景观之中。我想这可以请三谷先生解释一下，绿化广场是如何设计的。

三谷　"三原文化中心"的情况是：入口门厅采用低矮的水平展开方式，前面的活动平台是典型的中间领域。而"出云博物馆"的情

内与外的联结点2
福井县立图书馆。平台与北面庭院剖面图。水池的宽度与平台屋顶的高度为1：1，平台加上水池的纵深与层高成黄金比。在庭院的一侧，可以看到水池倒映出来的建筑端部。排水口用透水管处理。景观道路以门窗为中景，以树林为背景衬托建筑。

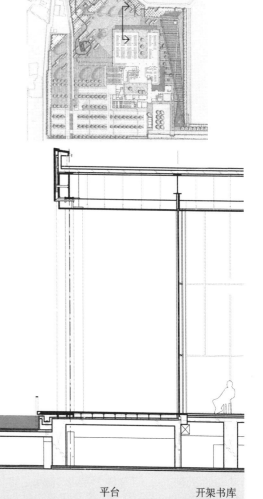

水池　　　　　　　平台　　　　开架书库

况是：透明的玻璃盒子使实体的内部空间横向展开，令人烦恼的是，怎样去创造与山相对的中间领域？或者是不要这样的中间领域？结果设计了一个很大的横向水池，同时，在"三原文化中心"插入了一个水平的平台，这个平台不仅可以供人们出来活动，而且，站在上面，还可以看到水池中倒影的山峦景色。

巴克 玻璃休息厅是可以开启的，可以看得出来，在将外面的景色引入内部这方面下了很多工夫。

我看见此前不久刚刚建成的"佛教研究院大学"，那里前庭的玻璃走廊，也给我留下了深刻的印象。将现有的绿地作为整个用地的前景，给人以一种愿景的纵深感。因此，前庭就会给人完全不同的距离感受，竹林中浮现出强调着垂直性的不锈钢球。建筑构成不是采用手卷的形式，而是采用点的构成方式，玻璃墙面时而映出竹林，时而映出四周的建筑，不论走到哪里，都像是洄游式的园林空间体验。

对于建筑来说，窗和开口部是非常重要的，欧洲的建筑也是如此。

槇 当然是这样。窗有两种功能，开口部分可以区别内外，同时，人们也可以通过窗口从里向外眺望。但这回是要从外面看建筑，窗是建筑构成的重要组成部分，所以，建筑师就要兼顾这两方面来最后确定窗的设计。

巴洛克建筑重视轴线对称构成，开口部多少都沿用这种布局法则，一般不太会从外部环境出发，去考虑确定门窗开口的位置。但是，我认为桂离宫那样的日本书院式建筑，就像你知道的那样是另一种情况。它们的开口部，经常是根据外部景观来考虑的。欧洲建筑，直到现代主义建筑，窗都是作为建筑整体的一个组成部分，并不太重视其景观功能。所以，从这个意义上讲，我们更应该考虑日本式的建筑。

内外之间的"缘侧"

三谷 说到书院建筑，现在的印象是，书院建筑的隔扇可以全部打开，形成从建筑内部向外眺望的景窗。但是，景窗前总会有缘侧，槇先生的设计也经常会对缘侧进行探讨的吧？我想戴维先生也知道，缘侧是日本建筑中非常重要的特征性要素。

巴克 啊，知道。我对缘侧最初的强烈印象，是来自龙安寺的经验。首先，看到龙安寺的照片时，会有一种是专为一个人坐在

门厅

上：岛根县立古代出云历史博物馆。入口门厅内部。右侧可以远看出云大社及背后的远山。

下：福井图书馆、档案馆，从入口门厅眺望水池与西侧庭院。

缘侧上，安静地面对庭园而设计的场景的感觉。但是，真正到了龙安寺以后，才发现，那里的人很多，吵吵嚷嚷的，非常吃惊。

一同（笑）

巴克 其实，我想谈的是下面的经验，即便是在那样混乱的场合，坐在缘侧上的人们，也仍然会感受到对面庭园的强烈震撼力。这样来看，为什么那里会有缘侧呢？在那里，可以真正理解到建筑与景观的意境。

另一个，是明白了坐在缘侧上的意义，建筑与艺术可以很多人一起来体验，而对自然的体验，则是基本上是个人独自的感受。

三谷 说得很好。槙先生"筑波研究所"最初的方案，并没有考虑缘侧那样的东西。咖啡吧与中庭的连接，在时间上被割断，建筑朝向中庭，随意安排咖啡吧。这之后，槙先生希望我们能在前面设计一个水池，这时我便直觉地感到，应该设计一个中间领域。于是制定

场·所·设·计

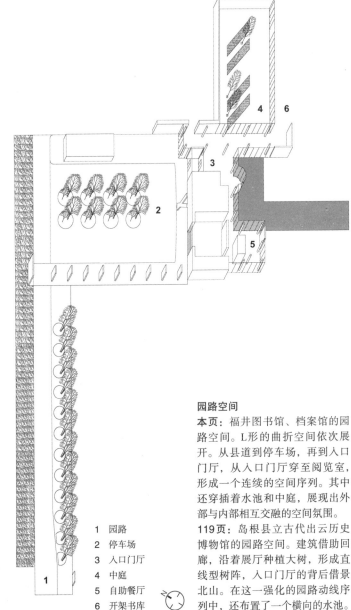

1　园路
2　停车场
3　入口门厅
4　中庭
5　自助餐厅
6　开架书库

园路空间

本页：福井图书馆、档案馆的园路空间。L形的曲折空间依次展开。从县道到停车场，再到入口门厅，从入口门厅穿至阅览室，形成一个连续的空间序列。其中还穿插着水池和中庭，展现出外部与内部相互交融的空间氛围。

119页：岛根县立古代出云历史博物馆的园路空间。建筑借助回廊，沿着展厅种植大树，形成直线型树阵，入口门厅的背后借景北山。在这一强化的园路动线序列中，还布置了一个横向的水池。

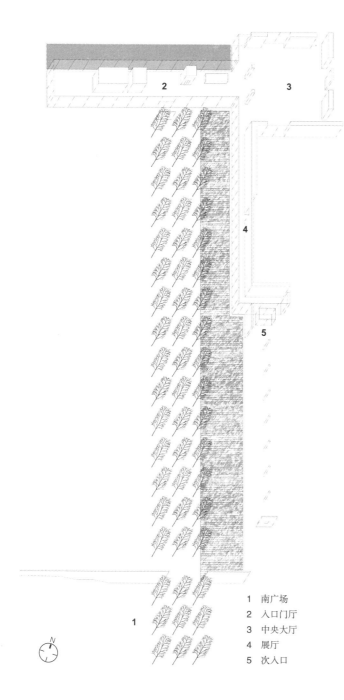

1　南广场
2　入口门厅
3　中央大厅
4　展厅
5　次入口

了研究的时间，并设定了标准。咖啡吧比门厅低一些，同时考虑水池的深度及水流的落差等关系。这些现在来看，全玻璃的现代建筑语汇，也是一种对缘侧那样的空间的探索。

槙　不仅戴维先生这样说，欧洲的建筑内部空间与庭园用墙壁隔开，所以窗有两种作用。然而，还有一种说法，就是没有形成空间关系。但是，现在三谷先生所说的缘侧，一方面是内部空间的继续，另一方面，也是庭院构成的一部分，是两种空间相交接的地方，是形成空间关系的地方。

巴克　欧洲传统建筑也有中间领域，比如商业连廊等，这些是否考虑了？但是，这些全是石造建筑的一部分，基本空间节奏靠柱子形成。而日本的缘侧，是木结构建筑，柱子很细，强调的是水平性，有融合到庭院之中的感觉。此外，我听说，缘侧曾经经历过在主体建筑之外增加附属部分的发展过程。

三谷　了解得很深入呢。

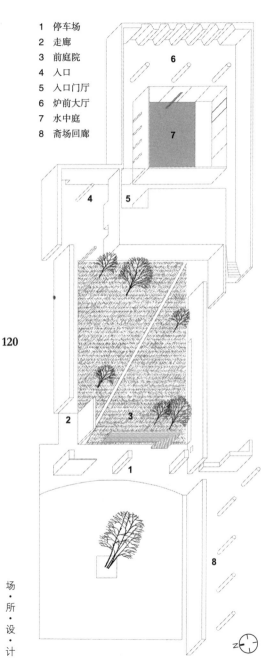

1 停车场
2 走廊
3 前庭院
4 入口
5 入口门厅
6 炉前大厅
7 水中庭
8 斋场回廊

6

7

4 5

2 3

1

8

120

N

巴克　所以，缘侧不是也有，同样是中间领域的连廊的倾向吗，如果去京都的园林看一看，就会体验到所谓的缘侧，即是围绕着庭园的开放的走廊，是内部空间与外部空间重合的地方，我认为，那种暧昧的感觉，正是日本建筑的魅力所在。

那种暧昧性不仅仅是空间上的，而且也是时间上的。爱德华·德·波诺的《水平的思考》一书中，对"风景的记忆的层次"这样说：现在对未来的设想非常多，而能够联想到过去的，却只有风景。所以，缘侧不仅仅是建筑与景观的交融，而且不可思议，在通过建筑去体验景观的现在与过去。

槙　原来如此，这样说来，"出云博物馆"的玻璃入口门厅，也是将景观融入其中，是缘侧那样的东西。白天玻璃幕有一种存在感，到了傍晚日落西山的时候，通过玻璃，可以看见背后夕阳映红了的山峦，这时，入口门厅就有着缘侧的作用，变成了向庭园过渡的走廊。是建筑？还是庭园？就是指的这种暧昧状态。这样一来，就可以把出云的悠久历史，用空间表达出来，这是很好的事情。我想，我们的时代的建筑，利用透明性质，可以创造出很多新的可能性。

景观的记谱法

巴克　说到对空间的体验，我所关心的是作为景

风之丘

120页：园路空间序列。整个序列首先是一个小前庭，再由走廊引至入口门厅。告别室、停棺室、拾骨室等，均围绕着与外界隔开的水庭设置。

本页：从入口处远眺望前庭院及走廊。

次页左上：从停车场看前庭院。

次页左下：火葬场中央的有水池的中庭。

次页右：从斋场出发，在看到右手一侧的风之丘的同时，返回接待室。

风之丘葬祭场

观设计师，设计草图应该怎样思考。最近，以蒙太奇理论著称的俄罗斯电影导演埃森斯坦，也以画出了行为故事连续关系的草图而闻名。

埃森斯坦认为，电影最基本的手法就是连续，他把听觉的主题和视觉的主题重合起来表达，创造了电影的记谱法。从这里出发，形成了他的四个蒙太奇手法。——韵律的、律动的、音调的、倍音的。四个手法相互确定，便创造出了电影场景。

我认为，这其中有两个关键点，可供景观设计师参考。

第一，如他的记谱法所示，时间是最基本的构成要素，他说在视觉和听觉完全不同的同时，来测定实体可能一致的点，也就是由时间组成相互关系，这就表明与景观很相似。

第二，埃森斯坦的蒙太奇手法，超越了纯粹的视觉问题，场景与时间很好地结合的时候，就会给人以丰富的感动点。

他说："通常核心刺激，会伴随着多种复杂的派生刺激"。这些如果应用到景观设计之中的话，我想那就不是单一的知觉问题，而是要调动五种感知全部的综合经验。但是，有一点与电影很不一样，他的蒙太奇手法都在电影棚中进行，而景观则是在自然环境之中。然而，实际上，日本的洄游式庭园，景观也会在游览过程的时间轴上，可以连续感

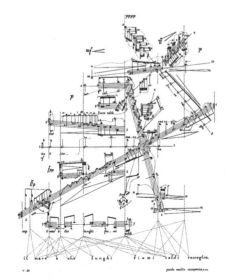

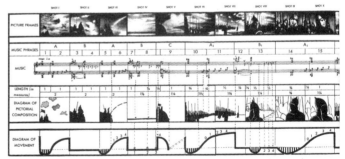

左:《西西里岛》，希尔帕依·普索其（音译），1931年。演奏者可以自由读取乐谱平面上的音符来演奏，延着时间轴可以展示全新的音乐空间。

右：谢尔盖·M·埃森斯坦（Sergei M. Eisenstern）为电影制作的连续镜头（垂直的蒙太奇）。埃森斯坦考虑电影由时间轴周边组织的相互关系所构成。视觉主题与听觉主题的慎重组合，通过自由的计划，以时间为素材，总结出四种蒙太奇手法。

受到那些蒙太奇的效果。

槙 我没有资格谈论音乐记谱法、电影构成法这类的话题，但是，就建筑而言，"风之丘"也是这种连续感知的一个重要课题。由于这里是亲人最后惜别的地方，同时也是火葬的场所，所以是凝缩着时间与空间上的连续性，在那里用某种走廊，不仅可以使人直接进入，而且，也是为人们创造一种"将时间关系直接编入"的场所，是一种创造连续感受的计划。

在到达"风之丘"之前，要花一定的时间，要穿过小庭园的一侧，才能够进入建筑，在到达核心区域之前，设计了很多场所。这样，初次到这里来的人，就会感觉要用很长的时间。在已故亲人要火葬之前，尽量延长时间是非常重要的。而此后，家属必须要用一小时左右等候火葬取骨灰，也是很重要的。

这些时间主要都用在建筑与景观之间的过渡，明亮的庭园与昏暗的房间之间，从一个空间进入到另一个空间。火葬场从这个意义上讲，行为的连续性，必须通过空间与时间的设计来表达。

巴克 这样一来，连续性对于建筑设计来说，就是非常重要的事情了，在设计研究和草图中，不是要花很多工夫吗？

槙 是啊，完全是非常古典的方法。首先到达自己的空间，等待为下面的行为而设置的下一个空间，由于在脑海中形成了这样的场景感觉，便用过去常用的草图方式把它画出来。在后面的设计研究中，制作了很多模型来探讨空间关系。检验各种采光方式，看看哪里需要暗一些，哪里需要人工采光，哪里需要开口等，或者是哪些场所的前后空间之间，必须要有暧昧的氛围等。

这样用了很多方法，将设想的空间体验进行连续性的设计，这完全是古典的设计方法。

三谷 我明白戴维先生关于回答连续记谱法的理由，景观对时间因子的记述方法与建筑并没有太多的不同。建筑对空间的体验情节的创造，都需要通过时间来体现，景观也是通过空间的变化，形成主题。这样看来，也有将时间作为设计要素的感觉。

槙 但是，现在我想说，不是还没到景观设计师独自持有时间设计草图的吗？

巴克 是啊，我也认为景观与建筑有很多地方不一样。如果使用笛卡儿建筑绘图的方法，怎么也设计不出安静的风景，因为那是描绘不出来的。古典的制图方法，只能表

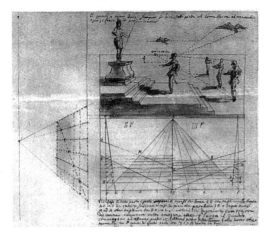

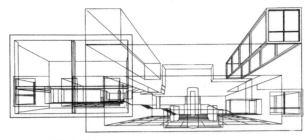

建筑表现图

左：威廉姆·凯特的庭院表现图。（THE BODLEIAN LIBRARY, UNIVERSITY OF OXFORD, MS. RAWL. D. 1162, 26R）。内部天井透视图，表现出了强烈的远近透视效果，探索舞台效果的庭院设计方法。

右：槙文彦的岩崎美术馆内部空间透视图。用一幅建筑表现图，尝试着以多点透视表现流动空间的场景。

现空间的物理量，但是，其他的东西、细腻的经验程度等内容，则根本无法表现。这些东西本来也不是图纸能表达的，如果要在一瞬间反映景观方面的体验，除非拥有先前所说的经验。

如果最后再加上一句的话，那就是景观是一个生命体。不仅每天都在变化，随着季节的改变而变化，就连生物本身也在慢慢地变化，而且，这是一种多种集合的综合性变化。所以，如果用时间轴来进行记谱法的话，相信会产生一种新的景观设计方法。用一句话来说，那就是：至今为止的连续性（节奏）都是用"space"描述的东西，而不是用"place"描述的东西。

这，有些像是关于音乐记谱法的谈话吧？

三谷 当然。

巴克 音乐也是从四个变数（音程、音量、音色、节奏）发展出来的。这其中，音的长短最重要，约翰·凯奇（John Cage）就利用音节的长度，创作了"4分33秒"这一名曲。其次的要点是，音乐到20世纪开始，有500种新乐谱提案。这使我联想到决定景观的因子，如何在时间轴上反映出来的问题。怎样做才能从一个侧面描述景观现象？怎样做才能在生成不同速度的变化的同时，进行设计图纸的绘制？

约翰·凯奇有一句很有意思的名言："音乐在继续着，鉴赏只在其间"。

三谷　但是我想，同样的，景观设计师提出不同的意见，是否会感到奇怪。今天，全世界的景观设计师，为什么还在画平面图、剖面图，利用模型来进行设计研究呢？像戴维先生说的那样，实验性的记谱法，可能会创造出新的空间，或者并不是那样。而对于优秀的设计师来说，最本质的东西可能是一样的。也许我多少有些保守。

记谱法只是设计者设计理念联结的工具，因为那些本来就是头脑中有的东西。如果说建筑汲取的是静态的空间，景观汲取的是动态的时间现象，那么，用平面与剖面图来思考，不是也很好吗。

巴克　我并不讨厌现在常用的设计方法，但是今天，景观方面的时间问题，并非简单的理念上的东西，而是由现实问题所引发的。例如，在欧洲许多公园，按照景观设计师设计的平面图、剖面图建设得很美的道路，在竣工的5年、10年以后，景观随着时间的延伸而发生变化，最后，变得与当初设计方案完全不一样的情况也有。这主要是因为设计师没有按照长期的时间轴进行设计，也就是没有用时间记谱法所引起的。

三谷　请稍等一下，这是不同层次的时间要素问题。与设计记谱法不一样，这是管理运营的问题吧？使用者感受到某一场所的变化，只是景观诸多要素中的一个而已，我认为，与我们现在所谈的连续性节奏的汲取，完全是不同层面的话题。

巴克　正像你说的那样，这是现在很多景观设计师都关心的问题，设计与管理脱节。但是，不管是景观还是建筑，我认为，新的表现方法会产生全新的时代。例如，现在再看，当时非常不现实的建筑电讯团的草图所表现出来的东西，在40年后的今天，人们正在将其付诸实现。

三谷　建筑电讯团啊，我能记得的有：融合的都市、覆盖着植物的都市、内藏型住宅、步行者的都市等。但是，现在已经成为现实了吗？

巴克　我想说的是设计先行的意思。例如古典的实例，1741年威廉姆斯·凯特（音译）在牛津设计的卢西亚（音译）庭园。凯特曾说过，这个庭园的设计灵感，是从意大利的一点透视画法中获得的。这是建筑内部的穹顶画常用的透视法。将从外部向一点集中的透视效果利用在庭园的设计中，庭园就像是舞台场景一样展开。其结果，使得欣赏者从建筑提供的固定视点中解放出来，可以从不同的各种视点来欣赏。这里，也有一种说法，相重合的园路构成，就是后来的解构主义的基础。

三谷　但是，这种设计方法不也是用图纸描绘的吗？比如现在，经过设计师可以用电影的方法进行设计，但是竣工之后，使用者怎样使用这些空间，而且，能够描述空间会改变成什么样子吗？

即便如此，施工不是也要有图纸吗？

巴克　为了实施建设，图纸是必不可少的。但是我认为，这不只是设计者想法的表达，而且，还是一种向其他人阐释理念的表现媒体。尤其是对于景观，仅限于这里谈论到的内容，先前说到的节奏，时间产生的变化，或者是空间上的改变等，都是不能表现的。

安德烈·塔科夫斯基（Andrei Tarkovsky）的电影代表作《镜》（1975年）知道吗？那里面就利用镜头对景观做过深刻的描述。场景的作用先不谈，什么地方都运用长时间的镜头作业。原来电影本身就具备时间要素，所以，作为景观的表现媒体，可能也很有效。

如果这样能够产生新的设计方法的话，

要是可以成立，则必然需要新的记谱法。因此，现在就应该对包含着时间要素的新设计方法进行探索。

槙　但是作为设计者，在没有发现你说的那种特别的表现方法的情况下，那种小尺度的连续镜头，或是大尺度的连续镜头，以及类似的作业，都会在头脑中进行。此外，便是交流的问题，以及能够实现到什么程度的问题。

作为建筑师，不会超出以上所说的那些了吧？

三谷　这是一种新的展望，是有关设计师实际兴趣的深刻看法。对于利用已经完成的设计作为表现媒体，是一个很有效的好想法，但对于构思来说，又能有多少作用呢？例如槙先生的节奏处理，在槙先生的头脑中，我认为，这是设计师的才能的付出。具有构思能力的才是建筑师，如果学生的图纸中，时间观念比较淡薄，那是这个学生需要再学习的事情。

但是另一方面，设计方法也可能会产生，设计师并不想要的黑房间一类的空间呢，就像强调演奏家现代音乐乐谱中的偶然性那样的东西。

巴克　就是那样，不管怎么样，我们也不可能避开时间。在设计革新之前，理念上的革新很有必要，这样一来，建筑界也会出现制图方法上的革新。从这个意义上讲，如果探索景观方面的新记谱法的话，不了解现代音乐的发展状况，对时间概念质疑的余地是没有的。

引入时间轴带来的变化与不变

巴克　开始不是一直谈论有关自然的话题吗？我认为，这里谈论的话题才是建筑、景观的关键问题。

槙　不好意思有点唐突，我想谈一下，有关威尼斯的有意思的经历，是我过去参观威尼斯达·芬奇美术馆的事情。那里有达·芬奇画的圣马可广场的作品，我很有兴趣地观赏后，从美术馆出来再一看，完全是一样的广场，我对眼前的情景非常吃惊，这是很多个世纪以前描绘的广场啊！这种事情，在日本是不会发生的。为什么是这样呢？在欧洲，人造的建筑物是永恒的，而在日本，人工建造的东西，并不追求永恒性，建筑不是永恒的，城市景观数年后也会改变，我觉得，更

像是自然界那样永远在变化。可以谈一谈类似话题吗？

三谷　槙先生说的是日本作为建筑背景的风景，特别是变化的山峦等自然景观。或者是与变化的日本都市相对，自然并不变化。所以，我在为槙先生的建筑做景观的时候，常常有不同的看法。总之，如果作为不变的建筑的背景的话，自然的变化会更明显。植物的新绿、红叶等季节的变化，都属于岁月更替带来的变化，从自然生息的样子来看，建筑业具有雕塑式的不变性。建筑会按照场地的时间形成一定的规制。

巴克　现在你们两人的对话，已经很清楚地揭示出了景观的特质。从槙先生和三谷先生所描述的概念来看，景观不是有两种相反的特质吗？一个是从现在起，到任何时候都不变的东西。另一个是具有慢慢改变，或者变化得很快的、可能性的东西。前者是有关长时间的永恒性、历史性的东西。而后者，是现在处于特定场所，具有特定状态的东西。优秀的景观设计作品，不是应该兼具两者的吗？

三谷　在比较短的时间轴上，景观会螺旋性地轮回变化，相对来说，建筑是不变的。而在较长的时间轴上，建筑是不是存在在一

前页：从东侧庭院看南面的景观，阅览室内部空间的划分，以木铺装的形式延深至东侧庭院。南面庭院中长长的直线道路，与门窗等曲线相互衬托，这样横向扩展的水平性与远山相呼应，有一种建筑凌驾于景观之上的效果。

本页：雪景中的福井县立图书馆档案馆。立方体的档案馆与水平展开的图书馆，以及精心设置的树阵形成一个整体，在远方的山峦背景下，给人以强烈的水平感。

个不变的景观环境中呢？

槙　贝鲁科（音译）的理论知道吗？他是个长期居住在日本的法国人，受日本文化以至于自然环境的影响，他提出了世界可以划分为三个文化圈的理论。日本等众多的亚洲国家属于"季风型"，中东和非洲属于"沙漠型"，而欧洲是在丛林中发展起来的，所以是"森林型"。

我也对由自然环境产生文化圈的影响深有同感，例如从沙漠地带的情况来看，日本的自然很平易近人，日本人对自然很少有恐怖感。因此，日本人建造的建筑多强调与自然相融合，融于自然是一个很重要的主题，

我们从自然那里受到的恩惠也非常多。

所以，与日本的贴近大地延展、重视水平性与协调性相对，美国的菲尼克斯那样干燥严酷的地方，建筑自然要保持其本身的物性，向上面发展，强调垂直性。

日本没有高塔，只有五重塔一类的东西，五重塔实际上是水平屋顶的重合，真正每一层都可以进入的单体建筑，在日本是见不到的。另一方面，也可能是用木结构建筑文化，来适应日本地震多发特别严酷的现实，才没有发展塔一类的建筑。这些情况是否清楚？

从建筑方面来看，从自然中不是也可以

场·所·设·计

发现日本文化强调水平性的特征吗？是这种感觉吧。

狭小用地

巴克　欧洲确实像刚才所说的那样，是通过开发森林，建设人类聚居的城市发展起来的，所以我认为，从文化环境的角度解读建筑是非常重要的。

但是，今天我们必须讨论的是，环境与技术背道而驰的现象。从某一时间点来看，在我们国家，与自然相对关系中的景观，正在发生着根本性的变化。这样一来，人们对自然的看法也在改变，对建筑也有很大的影响。日本不是也有同样的问题吗？

三谷　对自然发生的根本性变化，指的是你们国家近代的产业革命吗？

巴克　也有这个意思，特别是20世纪过去的50年间，技术与自然对抗得更加激烈，连带着建筑也发生了变化。

槙　有很多实例都是这样，与伦敦郊外建设的高层建筑一样，欧洲各地都在建设，日本也在建设这样的高层建筑，人们也没有否定，这种相同的城市空间迅速扩展的情况。

巴克　是啊，那是20世纪发生的事情，而现在，更是一个技术改变建筑的时代，但是与此前相反，现在是在进一步探索建筑应该如何适应地域的时代。慢慢地，被动式的采暖、通风等想法，必定不再是什么前卫的东西，而会变成普遍的现象。我感觉，日本在这方面行动得特别迅速。

槙　是生态建筑吗？我们原本就对此非常关心。

巴克　我认为，这是这个时代发生的最根本的事情，在这个时候出现非常重要，实际上，它是包括建筑与景观在内的综合设计问题。

槙　完全相同的感觉，我也认为景观设计，应该尽可能与建筑方面的环境靠近，生态是最有效的方法。现在，三谷先生的项目，也常常要设计垂直绿化和屋顶绿化。

三谷　例如"町田市政厅舍"建筑的墙面，就要求做垂直绿化景观，屋顶也分三层做屋顶花园，甚至在相邻的住宅区的一侧，也种植了武藏野的植被。但是，作为景观设计师令人烦恼的是，这些都是对短时期绿化的探索。

巴克　我认为，现在我们所欠缺的，是

133

绿色空间的"诗意性表达"。确实，为了适应环境，建筑都陆续采用了新技术和新的设计方法，但是，现在这样的建筑都缺少人性化的诗一样的价值。

槙 是这样，下一步应该是建筑与景观同时考虑吧？

巴克 从这个意义上讲，先前槙先生说的日本建筑的水平性特征很有意思。那不正是建筑对应地形所拥有的、与地形相适应的特征吗？

三谷 "福井图书馆"可能就是一个适应地形的非常好的实例。图书馆巨大的体量突出于水田中央，有一种到地面才停下来的感觉，周围有大量的经人工整理的原野。远望建筑，下半部分消失，呈现出水平展开，漂浮在地面之上的效果。

然而，巴克先生刚才说到缺少诗意的问题，那是对于景观来讲，比建筑的绿化生态要求更高的东西。绿化技术主要对城市化进行调整，我认为更重要的是，要给人以"自然存在"的印象，这可能也是一种诗意。

之前槙先生谈到，山的风土也有

朝日电视台屋顶花园
植物与条形石质铺装相组合，植物所特有的柔性与石材的坚硬形成一种特有的张力。

关系，我认为那是一种，对人类必须自由地存在，对人类的制御的利益没有威胁，不能理解的设计。就像巴克先生祖国的园林那样，是一种"人工"的表现方式。

巴克 是啊，英国的园林景观，我认为，是兼顾自然与人工两方面的。产业革命以前，逃避自然渴望着向往文明生活，产业革命及其以后，则又开始向往着憧憬自然。对这些予以罗曼蒂克式的讴歌，有价值吗？其实，这是很矛盾的。这主要是，要么十分热爱自然，要么是全面的人工环境。

三谷 然而，我们并不是要从自然中吸取一些什么，作为设计建设的场地，完全是受到限制的一块很小的地方。要在这样小的地方，通过设计去实现自然与人工的完美结合。

巴克 爱德华·帕克（音译）针对人工建造物的尺度曾说过，与自然中可爱的美相对，人为建造的是非常巨大的东西，是具有超越性的。而自然与人工的结合对于英国人来说，是幻想，是神秘。所以听三谷先生说，在很小的场地内，使自然与人工完美地结合很有意思，我想这是日本式的自然与人工的结合。

另外，自然与人工的结合有两种价值观，美丽与混合的现实价值观。在自然与人工之间并没有明确的联系，这一点，日本与英国是比较接近的。我认为，这里也存在着建筑与景观结合的可能性。

槙 建筑与景观相互竞争，可能也很好，这样可以通过努力，在更高的层次上产生综合性风景。

2008.9.16

艺术与场所相遇

嘉宾：北川FURAMU

　　艺术家可能都是些很特殊的人，他们在一块原本连绿化都很少的不毛之地上，通过巧妙的构思，用艺术语言创造了一些很好的作品，不知不觉之间，很多人都加入了这一行列。盖斯特、北川等人，使这一根植于地域的活动，上升为艺术事件，这就是在濑户内做的工作。许多艺术家与当地人都被动员起来，搞成了大型庆典活动，当地人很快就看到了生活场所的变化。包括建筑在内的艺术力量，与城市或地方相结合，可以形成一种创造景观的新行为，从此之后，这便理所当然地成为场所创造的焦点。

场所与艺术碰撞

　　三谷　这回，可以现场请教北川先生有关艺术魅力的话题，非常高兴。在建筑界，对于资源如何利用的方法，广为建筑师所注目，这其中，艺术也是非常关键的一环。他们凭借艺术的力量，去发现场所，发掘地域的资源，他们对艺术寄予很大的期望。我感觉正是这些，对北川先生的影响改变很大。

　　北川　我认为有一段时间，建筑或是艺术，并没有根植于场所，不论从哪看，都是相同的世界。特别是在都市中，建设了很多抛弃所在地域地形特征和历史文脉的东西，与此相对现在的艺术，有一种与所在场所中浮现出来的东西相碰撞的感觉。

　　我认为，20世纪的艺术作品，有一种在世界任何地方，看起来都一样的情况。作品都是白色的立方体，总之是白色盒子，与周边的环境景观、场所特征没有什么关系。约翰内斯堡、东京、纽约，在哪都会看见同样的情况，这是民主主义、平均主义等理念非常极端的表现，被评价为是一种均质的空间。这也并不奇怪，与强加给当地人们的机械化东西一样。所以我觉得，艺术就有一种突破白色盒子，自由飞翔的力量。

　　另一方面，在艺术与场所特性明显相反的情况下，与其说是艺术自立，不如说是由艺术所处的背景衬托出来的，作为图的艺术，与作为地的场所环境的反差所致。过去我们看到的，多是处于场所中艺术个性很强的作品，而现在，艺术作品则像晴雨表一样，反映着场所的特征。

例如在城市中创作艺术作品，会遇到四面受阻的情况，与城市相碰撞的东西很难实现，所以，就形成在壁龛那样的场所中探索的状况。

如果是在田野中创作艺术作品，则会遇到各种各样不同的环境背景，当然，艺术家需要学习有关场所的文脉和历史。如果不这样，绝对不能在他人的土地上进行创作。在此之前的公共艺术，与在公园或道路等公共场所的情况不同，在私人的土地上进行艺术创作，在当时还是件很奇怪的事情。在私人土地上，艺术家想要进行艺术创作，就必须了解该场所的各种情况，并与那里的人们和平相处，这样才能够得到允许。我认为，在这一过程中，该场所的资产以及资源等，不一定对艺术起作用。

那之后，只是在城市中各种艺术创作才能够成立，而地方上，则必须进行各种各样的交换。城市与地域之间的交换，作为礼物的棒球、艺术与建筑，也都在进行之中。

槙先生的作品原本属于城市空间的范畴，但是我认为，它也有棒球那样的作用。流通开始变化，一直创造着一种容易交流的形态，

"风之丘"就有这种感觉。

我曾参与过槙先生主持的高峰论坛十余年，添了很多的麻烦，所以才有那样的空间感觉。在东京居住的时候，对代官山那个地方多少有些畏惧感，有一种进入到混凝土体块之中的感觉。

三谷　啊，对槙先生设计的东西有畏惧感呀。

北川　是啊，我对东京，比如新宿、涩谷都非常厌恶，完全是非自然的人工东西，这可能是教育方法导致的结果。

槙　我与北川先生一起做过装置艺术高峰论坛，数次一同作过评委。

北川　大概有6次，是很强势的评委。

槙　有一个非常有意思的事情，就是东京的街区，实际上，潜在地存在着一种召唤力，就这种召唤力的多样性而言，由此而引出的艺术与装置也非常引人注目。

例如栗生明研究室的学生们设计的西乡山公园项目，就把该场所的潜在特征表现了出来。或者同润会公寓，在通道的正中央设置了一张长桌，给人以最后的晚餐的感觉，也非常引人注目。其实，并不是普通人看不到的东西，城市是具有某种感受力的，拥有

从中可以发现些什么，表现些什么的氛围。

不只是代官山，其他任何地方，都可以设置装置一类的东西。

北川 啊，我认为，如果优秀的艺术家能够成立，那么场所的设定就是非常重要的了。在普通的城市中是很难做到的，代官山经过选择，做起来比较容易，而且，有很多场所都空着。

街区开发与艺术

槙 好像艺术介入街区开发的情况明显增多了啊，所以，北川先生非常忙吧？

北川 确实增加得很快。

槙 居民们一定非常关心吧？

北川 是啊，简单地说，过去的街区开发，主要是将工厂或是大公司吸引过来，从振兴地域、吸引人气的角度考虑。然而，现在是大公司将生产基地移至海外的时代，所以，要引进工业和大公司便很困难。

由于很难引进，土地资源会再度荒废，于是，大家便开阔思路，其中保持田舍的意识特别强烈。

槙 所谓的田舍意识，即是对包含荒废

濑户内国际艺术节2010

左：南瓜，草间弥生，2003年，香川县直岛。巨大的南瓜放置在与周边没有任何关系的海边，反而给人一种很有生气的感觉。

右："你所喜爱的东西，能够让你流泪"。莱贝尔卡（音译），2010年，香川县丰岛。现代的装置艺术与传统的民居结合在一起，新锐的装置艺术作品，在传统民居的造型、构造和空间的衬托下，显得更加引人注目。

的村庄那样每况愈下的地区的关心吧。

北川 是啊，东京那样的地区除外，日本许多地方的经济都在衰落，世界的经济也在衰落。在这种情况下，很多人都不甘心继续失落的状态。由于日本此前五六十年中，经济形势一直非常好，所以现在，在濑户内和高松地区，居民们对艺术节很有兴趣。

三谷 因为今天要与北川先生对谈，所以，上周急忙去了一趟濑户内的犬岛和丰岛。

濑户内之行叫我吃惊的是，可能是赶上了节日的最后几天吧，来的人非常多。我还在儿童时代，便经常乘坐宇高联络船去高松，在那些岛屿之间，有这么多人往来，真的很感动，我觉得这个动员力真的很强大。1965年前后，炼钢厂排放的烟尘，使岛上的松树慢慢地枯萎了，我的祖父曾经面对着，已经被完全改变了的死寂一般的情景，感叹道："太遗憾了！太遗憾！"

那种不亲自去一趟，便不可能想象的事情，在今天信息化的时代里，是非常了不起的呀！本来建筑、园林，不就是与土地相关联的艺术吗？但我们仍是对这种可能性的自觉不足。

给我印象非常深的是，岛上的居民对艺术很有感觉。有年轻的志愿者，骑着自行车给游人指路。加油站的工作人员，也会给外来的人进行耐心的说明。给我的感觉是，居民们对自己生活的街区，有着非常深厚的情感。

北川 我认为也是这样。

三谷 库里斯特（音译）的阳伞项目来茨城的时候，也将伞分发给普通的老爷爷、老奶奶，他们并没有考虑适于自己的乡村景色，所以才将伞打开，覆盖在自己的土地上。

北川 艺术活动可以改变土地的价值，以及因为人口减少、土地荒废所带来的经济上的崩溃，甚至还可以恢复，已经全完丧失了对祖先世世代代生活的土地的自豪感。所以，并不是艺术家去那里做了些什么。而且，这种活动的密度也不高，然而，却可以听到有非常非常多的人奔向这块土地，并使之恢复了元气。我认为，就是从这里开始，艺术所能起到的作用，也就到这儿了。我觉得，艺术也需要赶上这样的机会。

三谷 但是，如果大家都这样做的话，可能也有人会对艺术活动有不同的感受。由于碰上了节日活动将要结束的时候，所以便会看到，往返运输的公共汽车、联络船频繁出动，而这并不是日本正常的生活状态。

我最初了解的是美国的地景艺术，对约翰·哈兹莱（音译）书中刊载的作品，花了很多年去旅行参观。与日本不同的是，作品都在沙漠之中，要是去那里参观的话，有着探险的意味，作品在那里也让人感觉有些勉强。

作品牵强地安置在那，让人对艺术有一种孤独感，人们看到的，都是些从很低端立场出发的考虑，只对场所寄予了摄取的希望，而并没有把人都召唤来的这种作用。而濑户内正赶上活动将要结束，就像传统的节日一样，我想，这是探求残留艺术价值的一种很有意思方法。

槙 越后妻有的情况，也是会期结束以后，作品还保留在那里吗？

北川 保留在那，过去曾举行过4次活动，大约有600件作品，其中有1/3被保留了下来。

槙 这样做是为了增强人们的记忆吧？

三谷 就像书中记载的历史那样，将这些都记录下来，以后年轻人要想了解的话，便可以从书中找到。我觉得这也正是它的价值所在。

北川 现在我们所谈的就是这种情况。

濑户内的情况，不用想，吸引了将近90万人，同时，也引发了各种各样的事情。一方面，通过这一活动，探讨这么多人到岛上来的可能性，现在检讨起来，当时的应对还是十分忙乱。如果大家再次从自己的岛屿本身来考虑，濑户内直到现在，远景都是非常漂亮，如果直接上岛的话，每一个岛屿的个性，最好在上岛之前，就让大家知道。

艺术是真正的契机，大家来到岛上，都在说很有意思，很有意思。我认为这不就是岛的特色吗？大家最初都在关心岛的特色，现在温泉仅仅通过绘画或摄影，就可以让世人了解，与外界直接接触。

城市与地域的交换

三谷 此前，北川先生谈到城市与地域的交换很有意思，举例来说，"风之丘"交换指的是什么？

北川 如果简单地说，就是建筑学专业学生的见解，仅仅对这些而言，最重要的就是建筑和艺术是其诱人的动因。过去城市与地域之间的交换，主要是劳动力与旅游观光。

更远更大的话题，则是在地理大发现的时代，到未知地域去探险，传教士、军队以及商人贸易等。

但是"风之丘"，我是从附近加油站服务员那里了解到的，说是不远处有一个非常好的建筑。简单地说是这样，濑户内海、越后妻有等地，也并不是只有学生，城市中居住的老年人也来这些地方。当然，现在也有外国求职者、旅行者，为了去看流向地方的艺术作品，而加入了这一交流的。这种做法是那些很有想法的人们搞起来的，随之引发的各种各样的联动、影响面很广，以至于，形成了包括外国人和旅行者在内的、规模很大的交流活动。我认为，这种交流又会引起各种各样的反响。

所以，城市人建造"风之丘"时，也是一个创造新动向的机会。

槙 这些在城市中也一样。因为，我与北川先生都在这里居住，小山傍的照片是几年前照的，外出吃饭与人相会的机会很多，就是现在在街上照相，也一样会照到什么人。在各种各样的人里面，也有外国人和年轻人，就像今天说的那样，我也持有在那里做些什么能够吸引更多人的感慨。

三谷 过去仅仅是拍照片，几乎没有什么场所性可言，但是现在，大家都像自身的一部分那样，随身携带着数码相机，一瞬间，就可以把拍摄的图像传到这里。这样一来，我想数码照片就成了人与场所之间关系的一种新媒介。

如果说艺术家的话，理查德·朗（Richard Long）的步行作品最为典型。把自己画在地图上的田园中散步的轨迹，张贴于美术馆。这看起来像是行为艺术，实际上，步行轨迹的照片，创造出了一种新的存在现实。扎根于场所的艺术，在今天，也与媒介一起，在更高的层次上开创了一个新时代。

北川 是啊，这样说来，建筑与艺术并不是单一的信息符号，而是要有与人身体更多的互动意识。行为艺术更是一种意识的操作，而人们也会跟随着互动，这些就像现在形成的这种氛围。

此前槙先生的问题，现在很多地方都在利用艺术来搞活动，是否做得成功另当别论，但是，相比之下并不算坏，如果说是金太郎糖的话，还是远比其他的做法要好得多。

三谷 可以让资金流动起来，也能够解决就业问题。

北川　我认为这很重要。

建筑和艺术与地域的碰撞

三谷　我还是学生的时候，罗伯特·欧文（Robert Irwin）正好在哈佛大学做讲座。那时候从与用地多少有些关系的地景艺术，到与场所密切联系的行为艺术等，各种理论都学习过。他曾对着行为艺术说，这个我也不懂。北川先生此前不是说过，艺术与建筑不仅仅从场所中汲取，而且，还会与场所相碰撞吗？……

北川　这么一说很有意思。

但是，建筑也不一定必然碰撞。例如，就濑户内的一些作品而言，妹岛和世、西泽立卫、安藤忠雄等几个人的作品有一个共同点，当建筑与场所相碰撞时，即把室外的环境景观引入到建筑的内部。

通过门和窗，将外面的景观引入到内部，这好像是在共同的意识下，形成了大家都这样做的一种氛围。一提到这些就有些激动，在濑户内才了解到安藤先生的魅力。通过窗户将濑户内海的景色引入到了室内，而门也有着同样的作用。最容易理解的是草间弥生先生的南瓜。

三谷　是放置在海边的黄色和黑色的南瓜吧。

北川　简单说好像有些变化，看到的时候是在海边。

与此相反，我认为，建筑师只要可能，都想设计交流平台，但最后又不得不做成住宅的样子。例如，槙先生确定的建筑，最终不是也做成了住宅。

三谷　建筑的使用功能具有社会性，在那里居住的同时，也可以在那里开会，具有一定的使用功能。之前的"地中海美术馆"是一个非常好的作品，如果说，那座建筑的墙壁尚且"请不要用手触摸"的话，我就会想这还是建筑吗？

北川　我最感兴趣的东西，是处于建筑过程之中的东西，如果是已经建成的，我便没什么兴趣了。

三谷　我对艺术相反有些不安。因为我在园艺学科，在做设计时，市民们也都会参与公园的设计，这样一来，就逐渐变成了，以多数认同的东西为美的情况。大学里的教授们在做调查报告时，会拿出各种各样的照片，有许多教授也会相信，多数人认同的东西就是好设计。怎么会变成这样了呢?

北川 啊。这种方法虽然也有必要,但是太僵化了,完全没有生气! 我是以自己为中心,没有一点民主意识的。

三谷 如果也是那样,就不是艺术家了。

北川 很没意思,不要约束人的真性情。

荷兰的水舞台

槙 我想为我们的谈话,提供一个有意思的话题,介绍一下在荷兰做的"活动舞台"。

1996年,正好在做"风之丘"的时候,过去汉萨同盟的城市中有一条运河街,从阿姆斯特丹乘车北上2小时,在库仑尼克(音译)有一个水上活动舞台。

那里的气候并不好,冬天非常阴冷,只是夏季很好,欧洲的城市大概都是这样,在非常惹人喜爱的季节里,举办夏季狂欢节。

由几位建筑师呼吁,在交换意见之后,便决定在运河中,建造一个兼具游船功能的水上剧场,并由我来担当设计。因为是船,所以,可以航行到很多地方,傍晚的时候,可以在市街的广场前停泊,以广场作为游客们的观众席,以船作为舞台,演出戏剧和舞

蹈。这样的水上活动舞台建成之后,引来了各种评论。这是十几年前的事情,后来听说,一直停泊在那里,帆顶也渐渐地坏掉了。然而,五六年前,我突然接到了一封来信,说"那个水上活动舞台已经成了一条废船。但那并不是你的东西荒废了,而是公众的财物被荒废了。如果说,是建筑师的东西被荒废了,不如说是建筑师的东西可以荒废"。从这封来信之后,便没有其他音信了。实际上,正好10年前,该市还在为进一步花钱维修与我联系过。

北川 是带帆顶的船吧,当初看到照片的时候,曾为能建造这样的东西而吃惊,希望日本也能够建造这样的东西。

槙 帆顶打开的时候,要承受很大的风荷载,所以设计了两层,委托结构设计事务所配合设计。船的两肋座位处可以打开,整体形成舞台,船舱下面是化妆间,演员们通过楼梯进出,各种各样的演出可以从三个方向,180°的视角观看。停泊在街市广场旁的时候,其特色非常突出。该活动舞台自身并没有动力,而是靠拖船移动,在当时花30~40万日元就可以了。

这张照片正好是左侧有游客和演员们跳

水上活动舞台

上：荷兰、库仑尼克，1996年。为夏季狂欢节而建的水上活动舞台，靠拖船可以在运河中自由移动，停泊时可以用作舞台或休息场所。照片表现的是，活动舞台在郊外田野河流中移动的情景。

下：夜晚灯光照明的效果及作为舞台使用时的情景。

场·所·设·计

舞的场面，照明使演出的效果更好，混合光线下的这种照明状态，我们称之为"红色旋风"，多少有些节日狂欢的气氛，伴随着音乐整个街区都行动起来了。

此外，农村也很好，一到田野之中，就像看见白鹭一样。总之，双帆变幻，在风中呈现出各种不同的姿态。我们当时都对这种场景所表现出来的信息感到欣慰。

但是，在威尼斯，有阿尔多·罗西的著名的"世界剧场"。那是他根据威尼斯的印象设计的剧场，很有特色，也很适合于该场所。而我们的"水上活动舞台"如果搬到威尼斯，我认为也非常合适。

对普通的建筑来说，建造的场所只有一个背景，而像这样，在不同的场景中来回移动的建筑，确实非常特殊。不仅要考虑建筑与场景的关系，而且，还会引出人们生活中潜在的偶像问题。例如，纽约赖特著名的"古根海姆美术馆"，就引出了一个很重要的问题。"古根海姆美术馆"在第5大道上，给人以非常特殊的感觉。假设赖特在哈得孙河畔，或是纽约曼哈顿中心地带，会设计一座什么样的建筑呢？答案是，也会建造一个完全相同的东西，这是不会错的吧。总之，对他来说，地域环境的影响并不重要。从第5大道螺旋状美术馆的建造，就可以看出来，他并没有认为有什么不妥，而且是觉得很恰当。如果这样，建筑与场所环境就没有什么必然的关系了，如何处理建成的东西与环境之间的关系，就完全属于社会认知方面的问题了。当然，也有人会认为，这样做真的好吗？

作为器物之艺术与建筑

三谷　槙先生的谈话非常好，让我想起彼得·埃森曼1980年代时，在哈佛大学讲评解构主义的事情。他曾说，建筑应该尽可能反映用地环境的文脉，将场所结构特征表现出来，其中残留下来的不容易说明的东西，对于建筑师来说，其实是非常重要的。这里有一个陶罐，其造型取决于盛载物品的功能，以及黏土制作的工艺，但最后，可能会形成一种不能使用的东西。这里说到了陶罐的本质问题，我自己当时并不明白是什么意思，这些话今天想起来，埃森曼讲的是文本与场所在一起的语境的区别。

槙　建筑的文本？

三谷　是，建筑是不能缺失文本的，非常难理解。（笑）其后花了好几年，这次我从景观的角度思考，一连串的环境艺术家，从简约主义出发，最终都采用了正方形、圆形的理由中，理解到了一些。

槙 决不妥协的形态啊。

三谷 然而，那都属于场所环境的问题，之前北川先生已经谈到过了。

北川 简约派艺术家的作品，都对环境很了解，从这个意义上讲，艺术是一种具有衡量事物作用的东西，从简约派艺术家那里，可以看到，处理得非常好的环境景致。

三谷 有这样的情况，可以吸引周边的东西。

北川 艺术家如果在用地内，设计些格格不入的东西，大体上会失败，是不合适的。自顾自地去做，完全没有什么意义。倒不如尊重环境的艺术家成功。用容易理解的话说，就是克里斯蒂安·波尔坦斯基（Christian Boltanski）是这方面的高手，属于简约派艺术家。

三谷 槙先生的"水上移动舞台"如果移到威尼斯的话，也会引出许多不同的东西。这是设计人的不同所引起的呢？还是场所的不同所引起的呢？

北川 要我看的话，那个船一样的移动装置，很适合威尼斯。当初看到它的时候，就有在哪里都合适的感觉。我认为，槙先生的设计始终都非常好，作品都可以作为艺术品。这并不是表面上的东西，而是个人修养使然。从其作品的价值来看，是可以将其置于任何场所，而且，也不会被时代流行所左右，这就是从场所中所见到的情况。现在看，倒是改造后的移动舞台，我认为过于简单了，反而不适合于威尼斯。

槙先生设计的建筑，我认为，是在向场所环境输送景致，或者说，是采用反映场所的特征的方法输送。这给该场所带来了很有意思的非常好的东西。"风之丘"就是这样，与场所密切融合，同时，又反映出城市性，我一直都有这种感觉。

但是偏离开主题，槙先生这样做，是否会形成障碍？或是影响到设计水准？很惊讶在自己的事务所里，也有看到这些的感觉。我在槙先生设计的建筑里住过20多年，所以空间的感觉很相似，空间到底应该是什么样的呢？不可思议啊。

三谷 无论是建筑，还是街区，都会对居住在那里的人的行为方式、生活习惯加以塑造和约束。

北川 啊，确实如此。直到感觉各方面都很相似，很有意思。

今天，在城市中生活是很严酷的，没有多少个人的活动空间，每天都在各种信息中追逐。年轻人是这样，我也是这样，基本上都是在追逐信息中生活，现在的城市环境，就在向这个方向发展。

槙 总之，我认为信息的互动，是现在城市环境的特征。我最近，读了今年夏天刚刚去世的梅棹忠夫的书（文库本），也真实地感受到了文化的支配性作用，全部信息化，特别是互联网络的世界，是触摸不到，也没有实体的物质感的，但又是真实存在的，在其中，城市将会消失。相对于这种感觉，信赖性也在失去。

三谷 果然，一直居住在城市里的人，生理上更为脆弱。

北川 所以，城市人就会到乡间去探寻自己感兴趣的场所，由此而形成了一种新的城市与地方的关系，我认为这种情况已经到来。

槙 这其中的很多问题，都是社会性的，形成了在地方上实现剩余消费的社会性场所、建筑这样重大的课题。

2010.10.28

[景观的尺度]

　　景观设计从数百米至数千米，其成功与否，取决于厘米尺度下的细节的把握。放眼眺望辽阔的大地，夕阳落日也就在几厘米之间跳动，而大地中的水网这种景观构成要元素，则要从数百米的远方掌握其细节。如果这样理解的话，那么，在不足一米的步幅中，我们就可以从大地中获取欣喜与哀愁，领悟到天地的尺度，从而形成我们的设计。

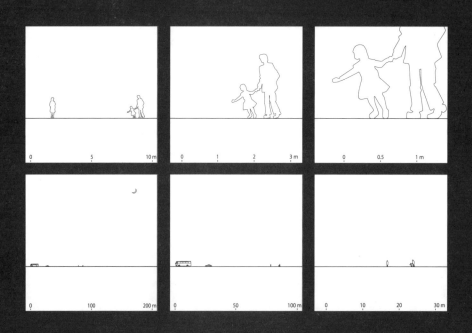

风景的
边缘

将地面的表面以多种现代主义方法进行抽象，每一个单独的地面都是一个表演的舞台，面与面之间的界线有必要予以确立。其间会生成各种细节，并形成景观上的远近感。绿草、植物给地面以生命，其维护方式，也是构成地面表情的重要元素。

1　三原市艺术文化中心绿色广场夜景
2　绿色广场东边的边缘坐凳
3　绿色广场东侧的坐凳
4　绿色广场平面图
5　喷水花散详图
6　喷水池景色
7　由活动平面远眺北面山峦
8　踏步详图
9　活动平台进入门厅的出入口

149

Ⅱ 场所创造方法谈

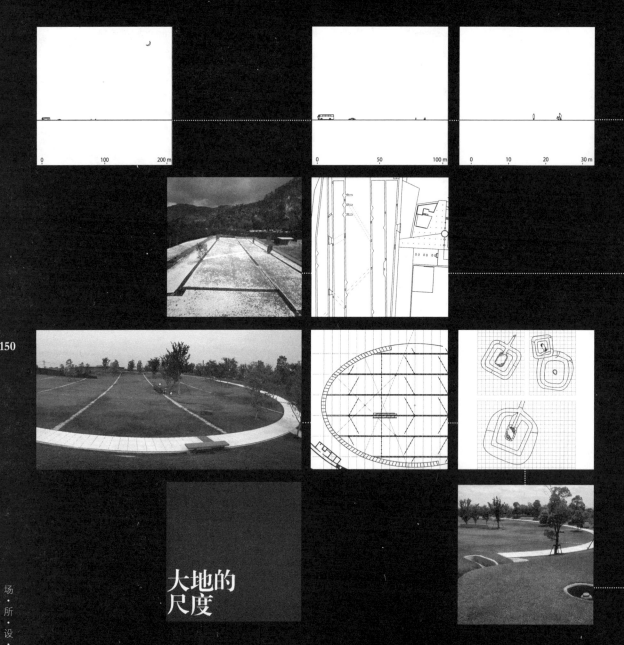

0   100   200 m

0   50   100 m

0   10   20   30 m

大地的
尺度

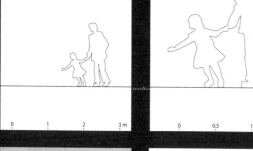

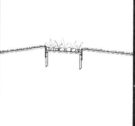

出云博物馆

大地并不是设计对象的背景，
而是有着创造景观的作用，
十分明显，大地是景观构成
的重要元素之一。有时候，
在数百米的范围内，把握几
厘米的细节是非常关键的。
水平的与倾斜的大地，都有
无限的象征性，蕴含着不同
的宇宙气象。

1　出云博物馆北部庭院雪景
2　北部庭院构成
3　北部庭院的倾斜面
4　庭院植草铺地详图
5　铺地施工现场
6　风之丘地景园林景观全景
7　地景园林平面图
8　方型古坟复原图
9　从方形古坟处看地景园林
10　象征火葬坑的蓄水池倒映着天空

151

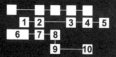

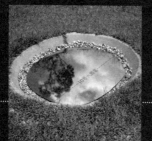

风之丘

II　场所创造方法谈

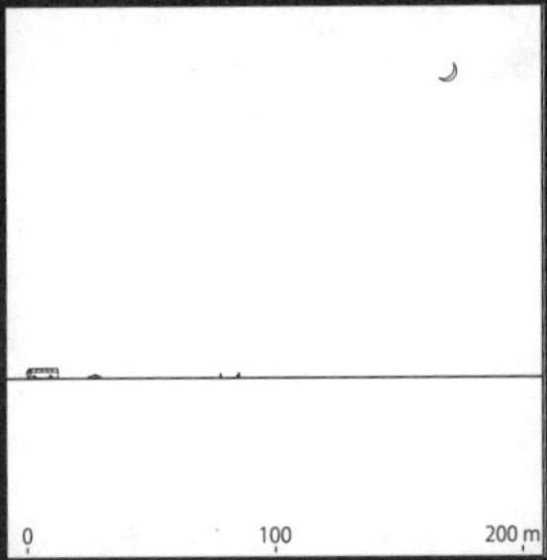

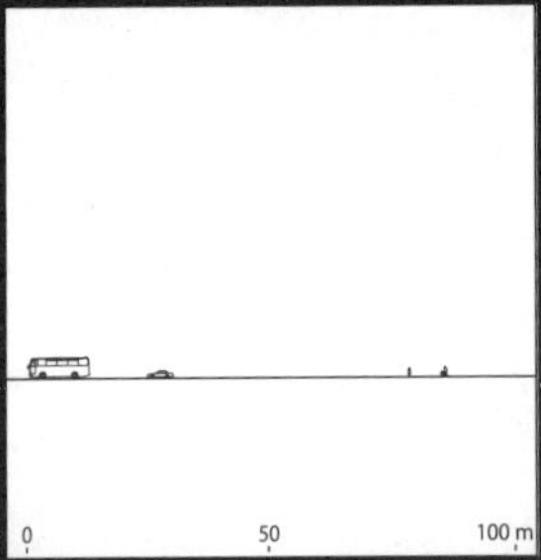

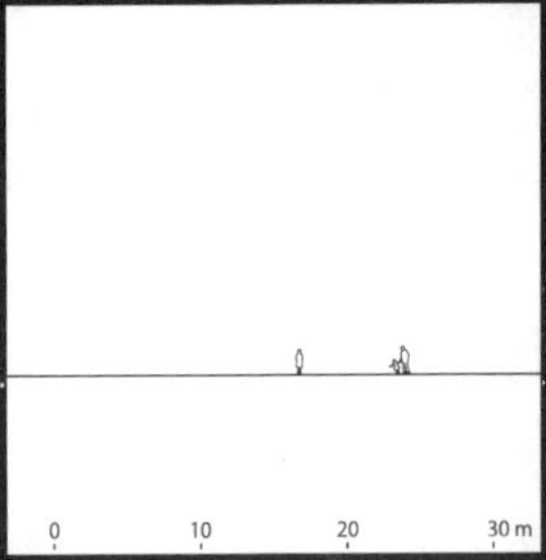

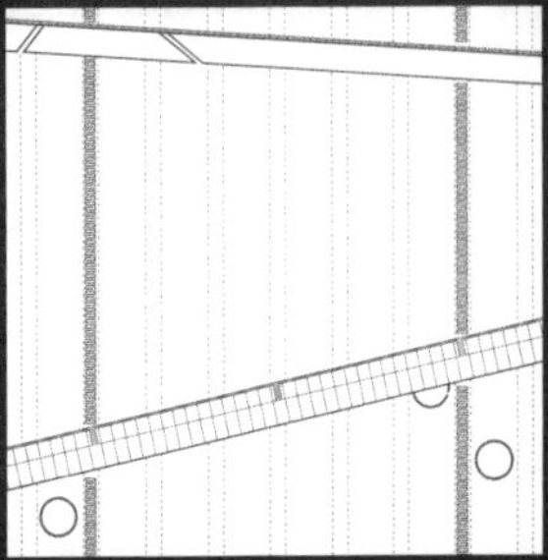

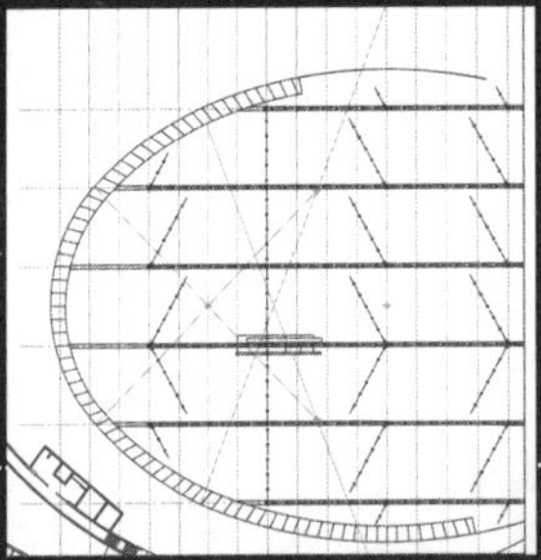

152

1　福井图书馆西侧庭园中的排水沟
2　西侧庭园排水沟及道路平面图
3　西侧庭园道路
4　排水沟照明构造详图
5　排水沟顶盖
6　风之丘地景园林全景
7　地景排水系统
8　排水沟景观效果
9　排水沟平面图
10　排水沟顶盖
11　排水沟构造详图

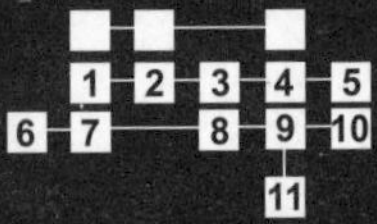

场·所·设·计

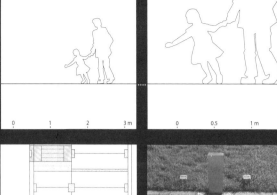

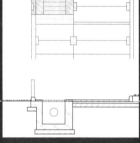

福井图书馆

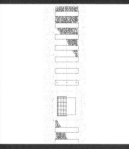

雨水处理
方法的风情

风之丘

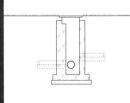

雨水的收集处理，关系到景观的品格，这不仅是排水问题，而且是要享受雨水的乐趣。雨水收集处理的方法，应根据大地的造型骨架，将大地的表情表现出来。在排水渠顶盖之上放置卵石，在水渠中布置照明，强化水渠与地面的交接，都可以增加景观的尺度感。

铺地的
情趣

风景的尺度

0　　　　50　　　　100 m

0　　　　5　　　　10 m

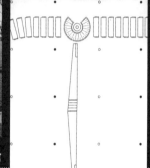

福井图书馆

朝日电视台

散步这种行为，是通过身体，最好的对大地的体验方式。人们在庭园中不仅仅是行走，而是在行进的过程中感受景观。有时候，随着地面铺装的改变，散步的步伐的更替，也会让人感觉到这是一个个景观变换的契机。人们通过脚步在与景观对话。

1　福井图书馆庭园道路
2　庭园路旁的坐凳
3　庭园道路及坐凳平面图
4　庭园道路照明
5　朝日电视台屋顶花园铺装
6　石材加绿化的铺装平面图
7　石材铺地照片

风景的尺度

水池也可以说是一种新型建筑缘侧，水池可以倒映出远方的景色，把建筑内部的视线引向天空，是一种包含着多种意蕴的中间领域。水池与建筑的接合部，给建筑立面空间以尺度感，在水面与地面尽可能接近的同时，又会形成一种接触不到的极具张力的细节处理。

出云博物馆

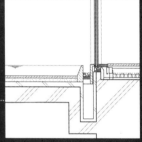

福井图书馆

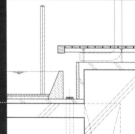

水之缘侧

1　出云博物馆入口门厅北侧水池
2　建筑与水池结合部构造详图
3　福井图书馆西侧水池
4　儿童阅览室前的水池
5　水池构造详图

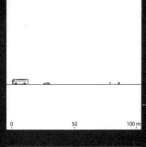

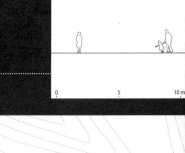

风景的
构架

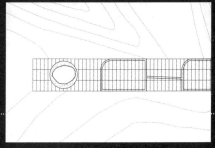

156 园林中的道路铺装，并不单纯
为步行考虑，而是在作为地表
的一部分的同时，兼有意象表
达的功用。但是，在园林道路
中眺望的时候，它又有着展现
四周景观效果的作用。而细节
的构造做法，则既要使道路与
大地拉开距离，又要使道路能
够融入景观。

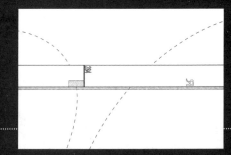

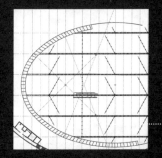

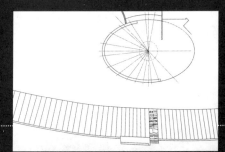

场 · 所 · 设 · 计

1	2	3		
4	5	6	7	8
9	10	11	12	13	14

1 出云博物馆风土纪之路
2 北部尽端平面图
3 北部尽端终点
4 福井图书馆南面庭园道路路
5 南面庭园道路平面图
6 园林道路排水沟详图
7 西侧庭园道路剖面图

8 西侧庭园道路
9 风之丘地景构成平面图
10 风之丘景观步行道
11 景观步行道平面图
12 景观步行道
13 景观步行道节点详图
14 景观步行道

出云博物馆

157

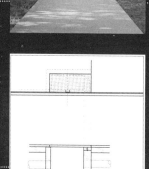

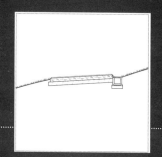

福井图书馆

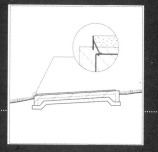

风之丘

II 场所创造方法谈

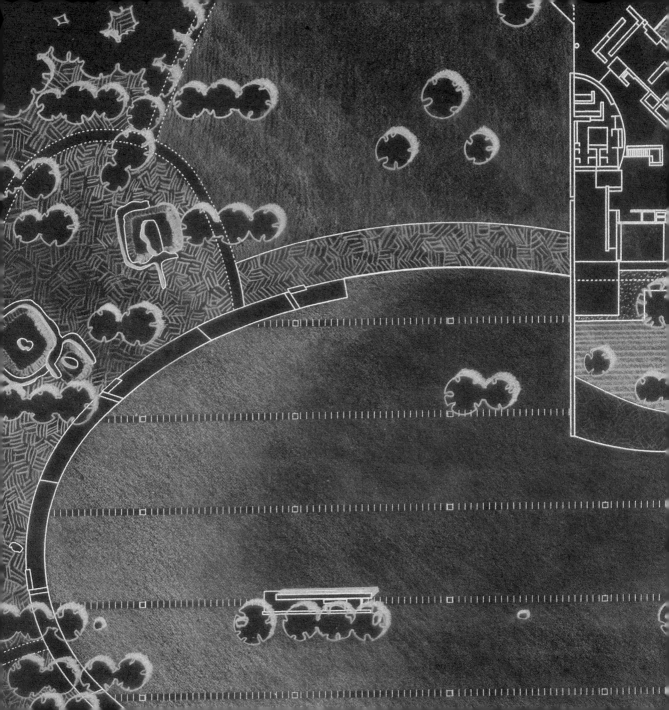

III

围绕着槙文彦的关于景观的思考

三谷彻

与槙文彦相关的工作

建筑师槙文彦先生的工作，事实上，就是对设计作品的一种追求。所谓作品，就不单是高质量的设计，或是设计师任意的自我表现，而应该是追求在历史的继承和现代的评判中确立自己的位置。

然而，作为建筑师，槙文彦先生在实际的设计研究中，并没有预先揭示设计主题。我们的设计从解决具体问题开始，造型常常是随着工作的进程凭直觉推进，对由此而产生的造型形态，也是在没有命名的情况下逐渐进行。我们一直都在非常用心地去创作，绝没有浅尝辄止的情况，而是势在必得，并以集体的合力将其完成。直至建筑建成竣工之前，在建筑与景观的设计过程中，我们都会对各种各样的问题进行探讨和思考，积极地吸取各方面的意见，并努力消化之。

所以，这样创作出来的作品，就必然让人有修改过的感觉，直到现在也一直是如此，而且，一直也没有总结回顾一下的机会。这次我们在回顾槙文彦先生以前设计的一个个作品的同时，援引当初的图纸，针对景观，尝试着与槙文彦先生就各种话题进行了讨论。从中发现了槙先生那些始终不变的标准，以及他对景观设计所期望达到的高度。

160

场·所·设·计

我配合槙文彦先生做景观，始于1992年前后。当然，开始时还是要依靠建筑设计方案。对于景观设计师来说，这与通常景观专业独自进行设计的公园、街路、开放空间等不同，追求的是与建筑相适应的，从建筑出发的外部空间。

一方面，槙先生并不仅仅是要营造能够衬托建筑的周边环境，而是希望从创造风景的高度，将这一工作委托给我。对于围绕着建筑周边的空间来说，日本长久以来，并没有把这些作为独立的设计作品。当时称这些为"外构"或"修景"，属于建筑的附属品。所以，从这个意义上讲，槙先生所托付的"景观设计师"的职能，在日本，是通过我们的通力合作才得以确立的。

这样一来，与槙先生合作的项目，相对于建筑而言，就有两个相反的方向了。第一是对槙先生设计的建筑要理解，不能是就算建筑不存在也成立，而是要追求景观与建筑能够形成一个整体的外部空间效果。另一方面则是，要从景观的价值观角度，去探讨设计、评价设计，哪怕是槙先生的建筑真的不存在了，景观也能够游离于建筑独立存在。

从这些记述来看，有意无意地在那种紧张关系中，尝试着引出主题。我想，那些项目中，个别的也有一些试行中的错误，同时，也并不一定都与槙先生的合作有关，很多课题，都是景观设计界共同关心的话题。

对"面"的挑战——景观的形态语言

景观属于二维平面的东西，远离三维的空间造型，这种看法是建筑师对不愿意做的事情时说的。这说明，对于景观设计师来说，对二维平面，总之是对地表面所拥有的可能性，寄予了很大的期望。

特别是现代的景观设计，景观开始成为空间的重要构成要素，但是这种要素，多是将其作为背景，探索对地面的处理。换句话说，就是"地面空间的语言化"。詹姆斯·C·罗斯[*1]1939年的论文（Articnlation in the Landscape Design）中曾经说过："大地本身是一种具有无限可塑造性的素材"这样的豪言壮语。

对于现代主义建筑而言，就像利德普鲁特（音译）的"修莱特（音译）住宅"（1924

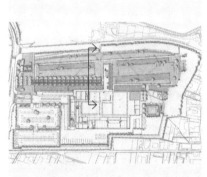

岛根县立古代出云历史博物馆
铺地剖面详图。贯穿用地南北，与耐候性红色钢板立面相呼应，与种植物的水平面相对峙。作为建筑的中间领域的回廊，在此两个面之间设置，沿着建筑立面，南北通常布置了三列大树，像是又创造了一个柔性长廊。

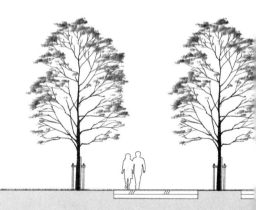

0 1 ┄┄┄ 5m　　　　风土记之庭　　　　　　　　　　　　　　三列大树之间的铺地

年）、密斯的"巴塞罗那展览馆"（1929年，重建于1986年）那样，空间的概念，是由抽象的面——墙、地面、屋顶等建筑语言表现出来的。但是，在景观的现代主义语境中，却很少谈及否定装饰、将地面抽象化的做法。

例如基利[*2]早期设计的"米拉住宅庭园"（1952年），就可以明显地看出，受到了现代主义的影响，具有地面要素化的特征。对"米拉住宅庭园"的植物配置，有构成主义的评价，其植物配列，是将用地做复数平面加以置

换而形成的造型。从河边到住宅之间，利用高差置换成多个水平面，其形态与植物构成的多重组合方式，为早期现代主义所特有，这样，就使得景观呈现出立体化的多意空间。

这种地表面空间语言化的做法，在现代主义设计师，斯卡鲁帕（音译）的晚年作品中也可以看到。他是一位没有接受过正统建筑教育，但又很有影响力的人物。他的作品通常是把内部和外部，放在同等重要的位置来思考的，有时候甚至，将建筑作为室外空间的背景来考虑。"浦利奥（音译）家族基

*1 詹姆斯·C·罗斯（James C.Rose 1913～1991）
在1930年代，开创了先进的现代景观设计理论。曾在哈佛大学持教，任教授。对青年设计师有很大的影响，开创了20世纪的景观设计新潮流。

*2 丹尼尔·厄本·基利（Daniel Urban Kiley 1912～2004）
受罗斯、埃克博等人的影响，20世纪后半叶，从公共项目到私家园林，都留下了很多作品，作品拥有从现代构成主义到古典风格的独特作风。

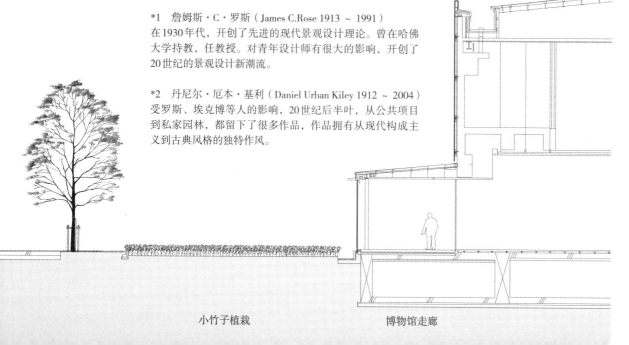

小竹子植栽　　　　　　　博物馆走廊

地"（1972年）从景观设计师的角度来看，就是个很好的实例。装饰过多的建筑周围，由两块不同标高的草坪，形成静谧的空间感觉。道路决不从草坪上经过，而是从旁边绕行，植草生长茂盛，但是，建筑的四周都被非常慎重地隔开。这种有节制的做法，塑造出了绿色的空隙。从水池引来的水渠开叉，消失在草坪的错台处，由地下暗渠通至祭拜堂。总之，是一种将草坪的平面性意识化的造型。

斯卡鲁帕的地表面意识非常强，例如他经常会在景观中自由布置一些墙面，创造出与帕拉康（音译）不同的东西。帕拉康常常使用墙壁和水面等要素去创造空间，地面基本上就是按原来的条件，不做过多的处理。

西方文化对地表面所特有的表现方式，地表面的平面构成肌理，看做是景观设计中非常重要的空间表达语言。

通过脚下去感受空间，或是促使形成场所的这种语言，被几个人非常艺术地揭示出

164

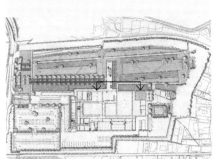

岛根县立古代出云历史博物馆
入口门厅与北面庭院的剖面详图。从庭园切断了的入口门厅空间，通过北面庭园中设置的水池，可以远眺远处的北山。水池尽可能地接近建筑，将景观引入建筑连廊。草地与水池，水池与建筑地坪之间的细微高差，以及形成的不同水平面，使距离视觉化。

0 1   5m

北庭

来。例如卡尔·安德烈[*3]的作品，在现代美术馆的巨大展览室中，令人吃惊地，利用不到几毫米厚的地面变化，形成强烈的水平场所感。从中我们可以看到，平面构成所具有的非常强的连续性和反复性特征。

这种平面构成上的审美，是由现代景观设计确立的，野口　勇[*4]以他自己用"加利福尼亚剧本"（1984年）命名的广场为例，说明这个场所最引人注目的就是，那些象征着加利福尼亚风景的雕塑、金字塔、圆弧形坐凳，以及叠石等。但是，真正使这个广场具有紧张感的原因却是，由人们脚下宽阔的石材铺地所形成的一种氛围。野口　勇自己找到的亚利桑那州的砂岩，在强烈的阳光照射下，给人一种空间中充满着橙红色的温暖感觉，在上面行走，可以通过脚下感受到大地的分量。为了能够形成这种效果，室外地面的铺装就不能做得太薄，而要用有相当厚度的石材。从广场中央

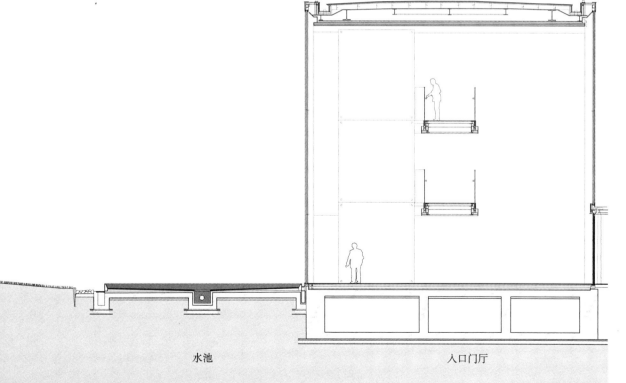

水池　　　　　　　　　　　　　　　　　　入口门厅

铺地的剖面图来看，石材的厚度达到了8英寸（约20cm）以上，这实际上，是一种水平展开的石材铺地式的雕塑。

与槙文彦先生合作的设计，建筑的"面"与景观的"面"的问题，常常会同时碰到。此次在与巴克先生一起的谈话中，曾经以建筑的"缘"——建筑与景观的结合点为话题，探讨了许多在详细的断面中，建筑的面与景观的面的不同之处。

最初所下功夫的是，建筑的面与景观的面的基本不同点。从建筑的设计表达图纸中，就可以看出，建筑立面是具有连续性与平滑性的，这也是现代建筑所追求的目标之一。与此相对，景观的面则包含有水池与草坪、灌木与道路，甚至草坪与草坪之间，也存在着很大的差异。换句话说，就是地面设计包括的内容非常复杂，设计的意识范围更加广泛。

这些不同点是根据什么得出来的呢。与其说是依靠直觉，通过对建筑与景观根本属于不同的尺度来推测的，倒不如说，这两者之间其实存在着两个根本上的不同之处。

第一，是人的视线与面的关系。建筑的墙壁都是从正面观看，即是垂直面。与此相对，地表面却是要从上面俯视，是水平面。第二，是与建筑的墙壁都用坚硬的材料建造相对，景观的面则是用土或水，这样的可塑性材料构筑，上面生长的植物会产生明快的阴影，而且，其物象性的获得也是必需的。

更为不同的是，与建筑墙壁垂直于地表面相对，地面上基本不会有什么垂直的东西。所以，这也导致了建筑排水，与景观排水很不一样。对于地表面而言，如果没有特别的

"铜与铝的平面"，卡尔·安德烈1969年制做的雕塑，与美术馆的地面形成一体感，雕塑本身似乎已经消失了，但是，利用材料的反复，强调出一种面的感觉。

*3 卡尔·安德烈（Carl Andre 1935~）1960~70年代出现的极少主义代表性艺术家，许多作品采用钢板、石材等自然材料，进行反复拼贴，在哈德夫德（音译）市的小公园中，创作了与景观相关的设计作品。

*4 野口 勇（Isamu Noguchi 1904~1988）雕塑家，早期的作品对安置场所的设计非常关心，晚年开始创作广场、园林等景观设计方面的作品，在北海道有其遗作"牟埃莱（音译）沼泽公园"。

场·所·设·计

排水系统的话，即便是普通的排水沟，也要积极地将其作为空间语言来运用。"三原文化中心"的草坪有5%的倾斜，对着休息厅采用倾斜的处理方法，并不是要以此来加强距离感，而是利用倾斜，将雨水向特定的方向排放的一种设计方法。这样做可以使倾斜面的最低点，处于休息厅之前，更加强化了建筑前面的平台与大地的关系。"风之丘"也是一样，利用局部凹陷使地表倾斜，向中央集中做排水处理，同时，对收集表层水的侧沟的剖面，也做了一些很有特色的设计处理。

这种在排水技术方面下功夫的设计方法，长久以来，一直是日本古典园林设计的重要内容。缘侧与庭园的结合部的排水设施，并不只是为了直接排水，在多雨的日本，常常会成为湿润之地使地表长出苔藓的重要手段。无论什

么样的园林，到了傍晚的时候，庭园中叠石的侧影，或者建筑边缘的阴影，都会形成一幅十分有吸引力的景色。这里的叠石不是平卧在地面，而是在雨水的侵蚀下屹立于地表之上的。总之，这种切割地面边缘的细节，改变了地面的水平性。"福井图书馆"的道路就比草坪高出50mm，其边缘还设计了排水沟，道路一侧的排水沟盖板，还作为反射板收集雨水。这种在细节上下功夫的做法，也是在很大程度上，学习日本传统园林排水技巧的结果。

槙文彦先生的项目也有以特殊的形态，去探索景观的"面"的特性情况，也有建筑不

朝日电视台屋顶花园
从会议室眺望中庭。倾斜的草坪与天空相对，斜切的侧墙，展现了东京的城市景观。

能形成面的特性，而依靠植物形成面的特性的情况。

　　例如"出云博物馆"，槙先生设计的建筑的西侧墙壁，采用的钢材具有压倒式的存在感，在此墙壁的前面，则考虑以水平面来与其相对，但是，采用硬质地的铺装可能不一定好，所以尝试着将有一定厚度的柔软的草皮加入铺装面，草皮与铺装相间，在保持面的特征的基础上，给人一种体块感。间植草皮的技术，东西方都一样，是景观设计中最基本的东西，是一种设计语汇。当然，这会增加管理方面难度，植物发芽会打破安定的日常状态，这也是景观所特有的动态形态，与建筑完全静态的形态不同。"出云博物馆"的铺装，以植物枝叶形成的面，与建筑立面的钢材形成对比。此外，3排树阵又与正面主入口的玻璃面相呼应，创造出朝向山峦的景色。

　　这种在"面"上下功夫的意识，"筑波研究所"项目中也是如此。在大树的下面，尝试着种植了一

福井图书馆、档案馆
西侧庭园景观，隐去周边杂乱的环境，将视线导向远处的山峦，草坪上铺砌有纵向排水沟，可形成不同的阴影效果。

些比草坪低一些的灌木，而纯粹以植物形成面的特征的，是"朝日电视台"的中央庭院。当初曾与槙先生一起，研究过像玻璃那样的硬质中庭地面，但是，后来转向自然原墅的构成方式，强调景观的种植面，在硬质的建筑墙壁中间具有特殊性，而在形成面的感觉上并没有什么不同。于是，便在反复重复的硬质石带中间，增加了种植物，对绿化的加入所形成的暧昧性知觉感受进行了尝试。

景观的空间特性，与建筑由墙壁围合而形成的可塑性空间不同，阴影、湿度等带来的空气构成上的东西，也起着一定的作用。这种对比，在早期的"两国的YKK"的中庭中，就曾经遇到过。在建筑的中央，立体地围合成一个屋外空间，再在其中种上竹丛，形成绿色空间氛围。今天再来看的话，该地面使用了

44个"风见鱼"呈巨阵式布置，暗示着微小变化，可能会对面产生改变的期待。同样的主题，最近在"佛教大学"的前庭中，也做了尝试。在该项目中，由走廊前往前庭，会使人感到，从上空照射下来的具有雕刻般线条感的光线，透过地面生长出来的竹丛，扩散至整个空间。这些都是利用景观素材，自然及人工创造出来的，各种富有生气的空间环境效果。

已经是15年前的事情了，在"风之丘"的建设过程中，槙文彦先生对地面的面的特性很关心，正好椭圆形的广场正在施工，槙先生在现场看见了排水侧沟，他对此给予了"这是至今所见到过的最美的曲线"的评价。

建筑师槙文彦对地面的一瞥，却使我对这件事一直不能忘怀。景观实际上是大地的造型，日本园林的历史考古研究，就是从"地

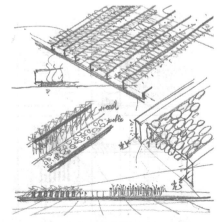

朝日电视台
屋顶花园的构造详图。有意识地将柔和的植物绿化与硬质的石材相间组合，构成变化的肌理效果。

割"开始到"地割"结束的。作品的优劣，从长时间的历史角度来看，是由大地的形态决定的，而大地的形态，又是由排水决定的。特别是对于多雨的日本，排水绝不是附属的功能，而是一种建筑构造，其中隐藏着理论。而20世纪的代表性建筑师槙文彦先生所关心的，也是针对地表面的面的特性那样的工作。

现代建筑为使空间显在化，而开始追求空间表层墙面的抽象化，为了使大地的容量显在化，景观上，就要追求地表面的抽象化。这是我在与槙文彦先生一起的工作中领悟到的。

景观是二维的空间，但是，这种二维空间却与天空对峙，同时，还要承受风吹雨打和人类的活动，实际上，这是在创造一种场所。而现代建筑不是在追求三维的空间形态吗？这种感觉的创造，也是由场所的力量形成的。

■······ 话题❷

空间的文化——回避现代主义的东西

原来与槙文彦先生一起研究，谈论到最难的话题，是景观的文学性。这样说来，槙先生常常回避，以符号去说明空间。这是因为身心的体验，对于空间来说非常重要。在进行设计工作时，设计者都会设身处地地去看问题。如果运用文学性的语言对设计进行说明的话，一般槙先生都会反对，气氛也会不太好，或是会说"还是不要这样做吧"。

与槙先生早期合作的项目，"风之丘"丧葬场前面的庭园，属于接待聚合场所。其中寓意着死亡与重生的石雕方案，经过多次研究，最后决定采用抽象的形态。此外，"筑波研究所"中庭的水景，开始也是以曲线形暗示生命，但是经研究后，最终改为端正的直线形带有落差的水池。这期间，我认为槙先生的判断，常常是凭直观的第一感觉，槙先生喜好的形态是一种空间形态。

但是，对于景观设计来说，文学性的主题是回避不了的，这与建筑没办法回避功能非常近似。没有功能的空间，不是建筑，更接近于雕塑。同样，没有文化表象的室外空间，也不是景观，而只是在地面上绘图。对于建筑空间，使用功能根据社会的需求而变化，不同时代对功能的不同解读，已经成为空间造型的原动力。特别是现代主义建筑思潮，更加注重功能的作用。另一方面，对于景观而言，像建筑功能那样，非常具有挑战性的前提并不存在。因此，空间造型相对简单容易，而同时，却又因扩散性的特征，面临着诸多的困难。这正是现代景观陷

场 · 所 · 设 · 计

国际佛教大学院大学

172页：入口门厅部分。空间中充满了阳光和竹丛，入口门厅由走廊围合，右侧可以看到沿着今井坂新种的绿化，创造出东京所特有的坡地景致。

174页：入口门厅部分。竹丛贯穿于由各层曲折的走廊围合而成的中庭，人们在各个楼层中活动，可以领略到光与风的变幻。

本页上：从今井坂看到的正面入口部分。

本页下：研究栋，礼堂围合而成的院落，以倾斜的绿地为背景，象征着须弥山。

III 围绕着槙文彦的关于景观的思考

于闭塞的原因，当今的时代，对公共福利设施、生态环境保护呼声很高，形态的立足点，可能并不一定需要建筑理论的支持。

禁止文化表现上的扩散，会给人以闭塞感，沦为现代抽象绘画的困境。康定斯基曾说："绘画是探求色彩与形态的内在的必然性"，他以极其敏锐的洞察力道出了本质。但是，这也会导致绝对主义，同时这也意味着，没有不和谐的形态构成和色彩。然而色彩与形态，在野兽派画家所画的静物与风景中，例如马蒂斯画的裸体妇人群像，不也给人栩栩如生的感觉吗？所以，绘画的内在必然性，对于抽象画来说，用文学方式的"具象"，也一样能够获得生命力。

对于园林景观来说，文学性就更加重要了。许多园林的说明书，都采用文学性的、依据史实的方式，对困境加以解说，就是以此为理由。如果去京都参观古代园林的话，无论走到哪里，解说员都会对寺社的历史、园林的时代变迁，以及宗教观念的形态化予以解说。

20年前，我曾就设计的主题，采访过美国景观设计师乔治·哈格里夫斯[5]。其中他曾谈到："环境因子可以分为 Physical specifics（物理特性）与 narrative specifics（文化特性）两大部分"。这种划分普遍都可以理解，日本人对神宫的白洲抱有崇敬感，纯白色的矩形空间，与幽暗的树林相对比，给人以物理上的体验。而同时，白色清澈纯洁，矩形又是一种很神圣的仪式性形态，这便形成了一种具有一定文化认知背景的文化上的感受。

然而接下来的谈话，乔治·哈格里夫斯却给我留下了这样的印象：

"我感兴趣的是，在设计中将这二者进行置换"。

*5 乔治·哈格里夫斯（George Hargreaves 1952~）
从1986年开始，在哈佛大学景观设计学科持教20年以上，受地景艺术的影响的同时，发表了一系列重视社会性和生态理念的景观设计作品。

*6 伊恩·哈密尔顿·芬利（Ian Hamilton Finlay 1925~2006）
苏格兰前卫诗人，尝试以记述手法表现各种形态的语言，一系列的诗作在室外展出，与雕塑有着某种密切的联系。自己长期营造出将诗作与庭园一体化氛围。

*7 迈克尔·海泽（Michael Heizer 1944~）
从1960年代后半段开始，发表了一系列在雕塑界影响很大的地景艺术作品，代表作是在内华达州麦萨台地上，挖掘的长500m的巨大沟渠 Double Negative。

*8 加勒特·埃克博（Garrett Eckbo 1910~2000）
与丹·凯利（Dan Kiley）一起，吸收了格罗皮乌斯等包豪斯的思想，确立了现代主义的景观设计流派。其著作《Landscape for Living》对景观设计的社会性问题进行了探讨。

对于我来说，这二者的置换，就意味着，与直接符号的表现拉开了距离。在槙文彦先生的项目中，景观加入文化特性，已成为重要的设计手段，而且，这是一个门槛相当高的课题。

如果单纯地分类，芬利[*6]的园林设计，以诗那样的语言，有时甚至是文字去创造空间，以土地传承、传说为主题。与其相对，海泽[*7]的地景艺术，实际上，是与抽象派系统相连的，其景观是由拥有显著特征的、单纯形态构形成的。

但是，也有在此两个极端之间，巧妙地过渡、相互置换的作品。

例如，大卫·那修（音译）的很多木雕作品，就有一种很独特的神秘氛围，我觉得，这正是那两种特性不安定的置换所形成的。

他居住在北威尔士费拉埃诺（音译）的森林中，是一位以森林中的木材为原料，制作雕塑品的艺术家。他的作品特征，是只在原始材料上做局部雕饰。木材由树木产生，而他所选用的材料，是制作成木材之前的自然材料，树枝的形态、树皮等都保持着原始状态，在此基础上，再通过精心的构思和巧妙雕琢，创造出完全不同的带有文化气质的木雕作品。他首先设定的主题，就是亲近土地森林，了解风土环境，而这些，都可以在树木的形态中看到。一方面，他的作品"Chorus Line"、"行走的桌子"等，都被赋予了文学性的主题，在美术馆中展出，观赏者都在努力地从这些命题中读取各种信息。另一方面，则是从直面材料树木的诡异气质的形态特征上，所表现出来的奇妙感觉来印证主题。用树枝代表拥有优美曲线的女性的脚，而桌子也是用放倒的木头来表达。这种置换的做法，是以文化性的方法，将日常概念巧妙地隐藏了起来。

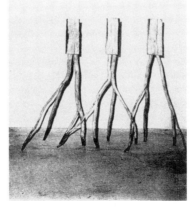

左："Chorus Line"大卫·那修（音译），1976年。受极少主义影响的新一代沉浸于材料的世界之中，在对材料的诠释过程中，可以让人感受到一种新的文化性表述方法的复活。
右："白上之白"卡西米尔·玛莱毕琪（音译），1918年（The Museum of Modern Art）。绝对主义的代表作。摆脱了故事性的现代绘画，进入了一种没有形态和色彩的极端世界，其后更发展出抽象表现主义和极少主义等流派。

与此相同的实例，还可以从现代景观设计的早期作品中见到。

加勒特·埃克博[8]在"玛落公园（音译）"（1940年）的设计中，巧妙地采用了格网式布局。格网式布局是现代建筑自由平面、通用空间思想的基础，是一种现代形态。埃克博在此基础上，将绿化做成现代绘画构成，现代建筑就在这样的平面构成上设计建造。但是，实际上"玛落公园"的格网式的绿化，却完全给人以异质文化的感受。树木均以同样的尺寸、同等的距离栽置，而原本这块土地上种植的是果树林。

对于现代景观设计来说，格网的形态语言并不具有两意性，为什么这种现代主义的东西，同时又拥有古代农耕时期的基本形态，有时甚至还会，令人想起中世纪修道院的果林园，或是联想到古代埃及的橄榄树林。

纯粹形态上的表现与语言方面的描述共存，在此基础上，对两者的交叉的尝试，在我们与槙文彦先生一起工作的初期，便已经开始了探索。

比如说园林中的道路，从功能到自由的景观，为动线设计取名的并不少，当然功能也是重要的要素之一。所以，园林道路就应该从两个层面进行尝试，一个是要尽量使动线从功能上解放出来，另一个是要将物质的东西抽象化，并利用语言描述，使传达的信息符号化。

最早将园林道路作为自立要素的项目，是1996年的"风之丘"。"风之丘"的园林景观道路，并不是用于从什么地方到什么地方的动线连接，而是完全从景观的角度来考虑，将形态做成了椭圆形，并赋予其方位、距离等地理方面的信息，使其在某种程度上具有"罗盘"的性质，人们可以有目的地在上面散步。

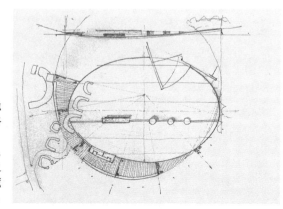

设计草图
本页：风之丘园路设计草图。对抛弃功能的园林道路进行探索，道路按一个超大的罗盘进行设计。
179页：岛根县立古代出云博物馆。在风土记之路的北端，设置了泉之座凳，用绿化将座凳旁的喷泉隐藏了起来，脚下泉水潺潺，产生共鸣。

在"福井图书馆"的景观道路设计中，我们也做了同样的尝试，按照建筑结构轴的意图去表现，将重点放在平面形态设计上，放弃动线的功能表达，以可视化的语言，使景观道路起伏变化。这种抽象的汲取表现，就像是将世界各地的表音字母集中在一起，最终形成希腊文的最后一个字母 Ω 一样。此外，在树林中间弯弯曲曲的道路中央，设置了照明灯具，到了晚间有着诱导人们行为的作用。而在道路的旁边，则设有坐凳和树木说明标牌。对于这种文化表达符号化的做法，槙文彦先生是怎样考虑的呢？实际上，我们并没有得到槙先生的什么特别评价，但是在研究的过程中，槙先生有着两方面的期待。一个是景观道路是否具有协调建筑立面与景观形态视觉要素的不可或缺的作用。另一个是，是否能够通过在地面行走，来体验场所的效果。

对于强调空间体验而设计的景观道路来说，从景观的立场出发，将文学性主题和场地历史，以隐喻的形式去表达的是"出云博物馆"的"风土记之庭"。

博物馆计划建在出云大社相邻的用地内，当初曾经追求通过文学的方法来表现"出云风土记"。这样，视觉交流的第一步，便是要实习设计的学员们，去调查了解有关出云风土的名胜。

这不只限于槙先生的建筑，就是其他的建筑师，可能也不会简单地对待这项工作。庭园就是庭园，以文学性的语言作为其表象的背景也没什么关系。但是，槙文彦先生设计的建筑，外观造型是一片长100m的物理极强的钢构墙壁。这是在现代主义影响了半个多世纪之后，形成的一种抽象性表达，非常简单干净。在这样的建筑前面，做有文化内涵的景观，确

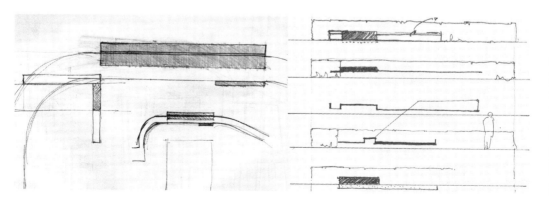

島根县立古代出云博物馆
左页：风土记之路刻有出云风土记国引传承中的说明文字。

右页：从风土记之庭北端的泉之座凳，远望庭园和博物馆，在草坪的间隙生长着出云湿地原有的芦苇等草本植物。

实有一定的难度。

在这种情况下，我们就必须采用简洁的形态构成，并在其中少许隐喻一些文化故事背景。

其中一个实例就是"风土记之路"，这是一条南北近300m的直线型景观道路，路面铺砌用的是出云本地出产的很厚的福光石，道路高出地表，形成一条醒目的白色的线条。从南侧较高位置的广场向下看，这条强固的直线与建筑那长长的钢结构墙壁，稍稍有一点角度，将博物馆背后的山峦引入到了庭园之中，是一条形态简洁的景观道路。

另一方面，直接的文化表达的可能性探索。为了将记载着"出云风土记"的《国引传承》中的引神

风之丘
风之丘景观道路，座凳前的地面上刻有十二支方位。

大纲，作为表现的内容，我们便在笔直的道路上，刻上《国引传承》里那段最有名的文字，让人们可以看到《国引传承》的纲目。刻上去的文字，一个字有10m见方，通常在此道路上散步的人，都意识不到这些文字的存在，所以，可能倒不如说，这是一些有着远近透视感的抽象性图案。但是，当太阳倾斜照射路面，形成阴影时，雨天或雪天，使得文字浮现出来的时候，从入口门厅远眺的话，就可以清楚地看到上面的文字了。这个时候，如果对来访者加以说明，人们在一瞬间，便可以体会到其中蕴藏着的文化内涵了。我认为这样做，便可以使原来一条直线型的白色的物理性道路，同时拥有了，对"风土记之庭"加以说明的文化背景。

另一个实例，是追求纯粹的形态构成，反而产生文化隐喻的"朝日电视"的屋顶花园。

槇先生当初曾多次说过，庭院的东西两侧应有目的地种植绿化，要使整个小庭在形成紧张感的同时，拥有一种纵深感。特别是，从大会议室通过庭院，正好可以看到东京塔，槇先生希望："在此，景观上要给人以距离感"。这些正是槇先生用心对空间亲身体验后所获得的感受，而此前的研究模型，只是在追求一种没有什么东西的原野感觉。

朝日电视台
上：屋顶花园的研究模型。当初的设计是以原野为原型，着力于表现庭园的纵深感。
下：屋顶花园总平面图。两条经度线和一条纬度线，是此庭园的地理位置象征。

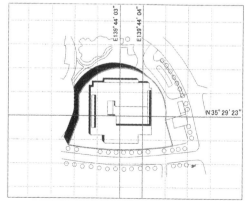

福井图书馆、档案馆
南面庭园中起伏变化的景观道
路，提供了悠闲散步的场所，
创造出一种曲线形景观。

场·所·设·计

另一方面，我从电视台使用的角度，也提出了为了在整个矩形场所内，给人们留出休息散步的空间，绿化种植应该尽量减少。基于此，我们拿出在很短的距离内满足槙先生两种绿化要求的方案，这个距离从电视台的位置，东经139°44′03″，到东经139°44′04″，时间上的物理距离只有"1″"。

作为东京的横向断面景观，这个庭园只有"1″"的纵深，本来这是一个从地图上无法理解的地理距离，但是，通过这个庭园却可以体验得到。我们管这个庭园叫做"1″庭"，在这里，知识背景与身心体验的交流，在一瞬间便完成了。

虽然我们并没有与槙文彦先生，就体验特征与文化内涵的交流问题进行过讨论，但是，在与槙先生合作的项目中，却常常在做这方面的尝试。这是因为我们认为，在槙文彦的建筑中，追求文化内涵是值得的。对于槙先生的建筑而言，空间常常是通过亲身体验考察的经验获得的，因此，而回避文学性的表现。这样，文化背景就相对默然，这方面的探索，也多是在不声不响之中进行。然而，在这种情况下，发现背后的文化内涵，却会令人印象更深，这不就是在紧张的关系中，发现空间场所中强烈的未知领域，所带来的刺激吗？这是一个难度极高的课题，今后也不会改变。

现象的设计——产生慢慢消失的东西

1982年举行的巴黎"拉·维莱特公园"的国际竞赛，可以说，是一次当时主办的、世界性的、大规模新景观设计方案活动，为全部应征作品编辑的竞赛目录，可以称得上是当时景观界的博物志。

对一等奖方案，景观建筑界有着各种各样的反应，比较多的意见，是对建筑师的方案占上风感到失望，对看到的设计方案的造型有些质疑，或是发出这不是后现代主义的议论等。但是，根本的质疑，一言以蔽之曰就是：屈米的设计方案，是将建筑空间构成，原封不动地搬到了景观设计之中。其结果是，不论是在此之上，还是在此之下，甚或是什么都没有，谁都会对这种，并没有被人们指责的事情感到危机。且不论建成后公园的效果如何，但是有一点，这个经过设计竞赛评审的方案中，人为的东西过多，而自然的东西几乎没有。所以，现在看到的东西，是理念上的空间造型，这是现代主义建筑所追求的、无色透明的、纯粹的可塑空间。

5年后的1987年，在完全不同的美国东海岸，不同的意见，已经从窃窃私语，发展到公开提出不同的看法。最有代表性的是汇聚了景观界新尝试的展览会"Transforming the

American Garden"。

其中的一个作品，瓦肯伯格[*9]的"欧多西亚"，一个在架空的城市一角设计的小型公园。在展览会上，以4张纵向的轴侧图展出。我想，这4张图纸的立意，是希望人们可以一下子看到，小公园的四季景色的变化。其空间构成的方式，采用的是当时建筑界常用的，俄罗斯构成主义的手法，也有一些与屈米的拉·维莱特公园方案不同的地方。

但是，如果仔细观察的话，就会发现，瓦肯伯格隐藏在其中的批判性。他舍弃了形态上的创造，而着意于表现空间随着季节在变化。以绿化形成的图形形态，在夏天会淹没在万绿丛中，而到了秋天，鲜艳的红叶又会将圆形空间表现得更加醒目，在雪景的轴侧图中，树木却已经落叶，圆形空间

被隐藏了起来，取而代之的是以常绿树构成的方格网空间。

总之，"欧多西亚"只是借用了俄罗斯构成主义的形式，圆形空间与格状空间不仅相互重叠，而且，他还描绘出了圆形空间的形成，以及消失所产生的空间上的变化。随着时间的推移，如前面所述，空间的形态会发生变化，这是一种从一定的高度考虑的空间构成方法，是建筑做不到的（当然历史上曾出现的这样、那样的特殊可移动的建筑除外），这才是景观的本质。

这种形态改变的问题，可以说，是现代

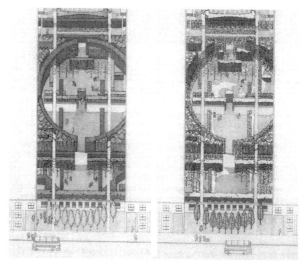

欧多西亚（Eudoxia）
迈克尔，范·瓦肯伯格，1987年。利用构成主义的平面结构，描绘出绿化随着时间季节的变化，而形成不同的空间效果。

*9 迈克尔·R·范·瓦肯伯格
（Michael R. Van Valkenburgh 1951~ ）
在学习农学的同时，接触景观设计。对植物有很深的造诣和细微的造型感觉。设计过许多庭园和公园，1991~1996年，担任哈佛大学景观设计学科的主任。

YKK R&D中心

左：屋顶花园。石材铺地中装有水雾喷头，白天休息，傍晚开始喷雾，雾气萦绕充满庭园。屋顶花园、中庭与高层建筑，形成了一种连续的空间体，光线照射到水雾形成反射，竹丛在气流作用下随风摇摆。

190页：屋顶花园。从庭园中可以看到，接待室前设置的风动雕塑"风见鱼"。

191页上：建筑内部的中庭空间，左边是两国地界的街景绿化，右侧是屋顶花园和五层的天桥。拔空部分的楼梯绿色立柱，与屋顶花园的竹丛相呼应。

191页下：从上部俯瞰屋顶花园，夕阳西下，水雾萦绕的效果尽显其中。

III 围绕着槇文彦的关于景观的思考

景观设计贯穿始终的研究课题。

比建筑晚了半个世纪，从1950年开始，景观设计开始出现类似现代主义的作品。形态设计方面最先模仿现代建筑，一边倒地采用抽象的图案形式。

1940年代后半开始活跃的丘奇[*10]，设计的很多园林，使人联想起米洛（音译）和汉斯·阿尔波（音译）。1950年开始倾注精力创作的埃库伯（音译）卡伊利（音译）的作品，也会使人联想到蒙特利安（音译）、那基（音译）的绘画。更有甚者，由于哈尔普林[*11]的出现，有评论家将其与黑色绘画相提并论。其中的原因之一是，景观是基于地表的造型，怎么说都是二维的，要吸取绘画的形式，像建筑那样进行三维空间的整合创作，是非常困难的。

对这种进退两难的困境，从观念上予以

突破的改革，实际上是来自景观界之外。1960年代，有一个很大的变化，称作环境艺术运动。就像名称所示，以环境（Environment）为主题，是以自然的变化或通过对外界观察所获得的人的感知为中心的。

环境艺术运动的初期，形成了一种思潮，大地景观。离开城市文化，在山野、沙漠中搞巨大的造型，或是在地上绘制图案。如果说，他们的作品以大地为造型这一点，对景观美学的核心产生了直接的影响，倒不如说，是他们在"形态"问题上，给景观界以很大的启发。

他们描绘的形态，大多是细小的线画成的圆，谁都知道的形态，一言以蔽之曰：就是不会采用不知名的形态。为什么呢？这是主动放弃形态语言的结果。理查德·塞拉[*12]的作品就舍弃了雕塑形态，而采用钢铁等金

*10 托马斯·D·丘奇（Thomas D. Church 1902~1978）
在加利福尼亚州立大学、哈佛大学等学校学习景观，在以古典样式为主流的1930年代，以所谓加利福尼亚样式，设计了许多明快、开敞且实用的庭园，开创了美国西海岸的现代主义流派。

*11 劳伦斯·哈尔普林（Lawrence Halprin 1916~2009）
是一位以美国西海岸为中心展开创作活动的景观设计师，许多作品均对行为心理、环境认知有独到的研究与关心，经营实验性的工作室，留下了很多重要业绩。

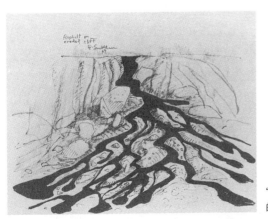

"断崖上流下的沥青"罗伯特·斯密森，1969年。放弃了专业设计的形态，斯密森的作品，尝试随着地形自然形成的东西。

属材料，所以，其惯用的形态，必然是细小的东西。而这样一来，观赏者的全部注意力便会被钢铁材料所吸引。他的作品在室外展出的时候，总会将素材作为场地的一部分。

迈克尔·海泽更加激进，不仅是雕塑袖珍化，而是要使雕塑消亡。他的一系列的美国西部地区的创作活动，就已经不是将雕塑作品放置在场地之上，而是直接在大地上刻画出形态，根本就不存在雕塑了。

罗伯特·斯密森[13]为了抑制作家的恣意形态，沿着地形，用流淌的沥青创作作品。其后期作品更发展到，将大坝、矿山的流沙堆集效果，表现在艺术创作之中。

在回顾他们这些景观作品的时候，我认为，哪些是对艺术的挑战，哪些可以纳入景观的范畴，其临界点具有十分重要的意义。

这就使得创作的主题，从在大地上刻画形态，转变为场所的创造。

这样一来，就可能使他们与极简艺术无缘了吧。对于创作来说，他们不仅常常将故事情节融入大地，而且，尽其所能地与土地结合，探索只属于这块土地的地形。在这里，他们所接触到的东西，有用地的地形、岩石，有时还与水系和气候相关。总之，他们创造出来的形态，源自土地的特性，或者说是大地之灵，这就碰触到了景观设计的根本问题。

我们可以看到彼得·沃克曾指出：环境艺术、特别是地景艺术，与景观艺术的交叉点存在着很大的可能性。我们从他的实验性作品，为哈佛大学校园做的"塔娜·喷泉"（音译）（1985）中学到了很多东西。所谓实验指的是，他从佐佐木景观设计这样的大型设计机

*12　理查德·塞拉（Richard Serra 1939~）
作为极少主义艺术家，从1960年代开始，发表了一系列以钢板为素材的作品，特别是在室外，展出了许多巨大的作品。结果，使其成为对景观设计领域有着极大影响的艺术家。

*13　罗伯特·斯密森（Robert Smithson 1938~1973）
1970年代创作的"Spiral Jetty"，被誉为地景艺术的先驱代表作。与很多艺术家都有交往，艺术界经常引用其论述，由于飞机失事，而过早地去世。

构中出来以后，在纽约开始个人设计活动时创造的作品。当时他发表的作品，完全没有在佐佐木时期解决社会问题的常规套路做法。

针对喷泉建设的纪念性要求，沃克的解决方法是，寻求一种水雾状的水景效果。现在看，喷雾是很普通的技术，而在当时，这种细粒的喷泉技术，听说是迪斯尼乐园特许的很先进的东西。喷雾的优点，在于可以扩散光的反射，各种折射状况，可以组合成千差万别的视觉效果。特别是日出和日落的时候，色彩辉映，瞬息万变。每天都会吸引通过这里的大学师生，我认为，这就是景观形成场所的秘诀。

以此主题为基础的形态，正像文字一样，属于极少人造的那一类，喷泉嘴的周围，均以自然石块随机配置，原来的树木草皮都原封不动地保留下来，宣示着一种没有形态的空间造型。

这是一种对环境艺术的挑战，与拉·维莱特公园相比，有了非常大的变化。前者是一种对环境的改变，改变的瞬间，拥有对场地的记忆作用，吸取场地改变的可能性，但是，它对场地也有抑制性作用。而后者，可以产生偶然的形态冲突，以及对人们反映的期待，是一种建筑性的思维方式。我并不拘泥于后者，但多少在认识上还是有一定距离的，所以，在做槇文彦先生的项目时，就特别留心于此。

当初在与槇先生开始工作时，并没有谈到过这些，但是还记得，只是从景观设计的走向角度，跟槇先生说过自己的看法（反映与自省）。

在"筑波研究所"的设计中，我们就是以四季植物产生的视觉变化为设计主题的。

YKK R&D中心屋顶花园中的44个风动雕塑"风见鱼"。以弱小的东西替代大型构筑物，将气流的动态视觉化，创造出了一种集聚微小的动作，形成连续变化的效果。

与前面谈到的相比，属于将四季变化的主题，在中庭中通过形态使之显在化，这也许是一种正确的表达方法。外资的甲方有两个要求，如果是日本庭园，对于让研究者身心能够舒畅的绿化来说，就应该用日本园林的代表性植物去营造空间，形成格子式的平面构成，到开花与红叶的时节，便可以显现出来，而平时则会消失。

接下来，还可以从另一个角度，通过"两国的YKK"来看一看，形态与变化这一主题。设计初期，曾借鉴沃克的喷雾手法，由于各种条件所限，最后确定的，是以石砌水池倒映天空的表情为庭院的主题。以中心的原型，衬托构成主义的形态，采用常用的器形，再在其中安排不同的主题，从而形成变化。

同时，我们还并排设置了44个风动雕塑"风贝鱼"，这也是对某种现象的关心产生的想法。"在办公室前面，作为空间的点缀的雕塑，挺不错"。我还记得这是当初，槙先生对我的提问的回答。现场用钢筋支起，可以看到空间的容量，我想，为了追求组群联动，形体、容积、重量感、不是纯物质性的东西不行吧。而当这些红色的东西动起来时，则表现出了中庭中吹过的风的姿态。

这之后便一发不可收拾，此后的作品有："风之丘"的风之座凳声响装置、"出云博物馆"风土记之路的文字符号、泉之座凳等，进行过各种各样的尝试。有时，也会做一些没有什么文学表述，比较纯粹的东西。

比如："福井图书馆"庭园地面50mm深的纵沟、"佛教大学"竹庭中悬吊的不锈钢管等，都在捕捉瞬间的光影效果，给人们传递

着不算太短的景观效果。此外，我们还进一步，对梦境般的效果进行了尝试，"出云博物馆"风土记之庭的装修，就再现了带状雪景的效果。雪在融化的一瞬间，将宽广的草皮横切带，做成与土壤的渗水性完全不同的东西，以表现出雪融化速度上差异所形成的带状效果。这些就连事务所负责此项设计的人，都有些半信半疑，直到有一天早上下雪，庭院中瞬间展现出了预想的效果，大家这才打消了疑虑。

对这种效果的期待，可能是一种压抑的挣脱，与预想的相比，更接近偶然的期待。这其中存在着两种偶然性，一个是瞬间的自然条件的特定状态，还有在那里无意中碰到的人。总之，是场所面貌的改变与人的记忆的相会。

景观或者是风景，最基本的是周边状况与持续的生活场所，而不是特定的表现场所。应该说是置身于此的每一个人，各自发现的土地魅力的综合记忆。与槙先生合作的项目，正是这种对成熟的景观的追求。最近，在与槙先生合作的项目中，正慢慢地减弱对现实性的追求，尝试着做些梦幻效果的东西。从景观的角度探索偏离现代主义，也是有可能的。多种偶然性和灵感的发现与重叠，包括建筑在内。这种方法不只是视觉空间，还包含着建筑在内的对静寂的追求，同时也是以多样化的效果，来回答槙先生的问题。这不仅是多样化的空间，而且也是沿时间轴展开的方法的变换。

今后，仍然会期待着与偶然来访的人相会，我想，很多潜在的景观创意也会围绕着槙文彦先生的建筑继续展开。

走向现代庭园

与槇文彦先生合作的项目，首先是从建筑物的建造行为开始，景观虽然是对槇先生的建筑起着衬托性的作用，但是同时，也有着再解释的作用。虽说景观是与建筑并行，但从另一方面，我们仍然会将其作为独立的作品对待。这样一来，室外空间将要如何处理呢？换句话说，不就是作为庭园来进行设计吗。总之，这是为槇先生的世界设计的庭园，同时，也是一种伴随着现代建筑的探索，去尝试"现代庭园"的设计。

实际上，为了本书的出版，而收集起来的这些平面图，令人非常吃惊。到现在为止，我们已经发表过的项目也是如此，将建筑与景观作为一个整体，来表现的设计图纸基本上没有。建筑期刊一般会将建筑的平面或剖面刊登出来，而景观类的期刊，却大多只将建筑简化，形成一个轮廓。当然，在实施的时候，施工图与设计文本，均由不同的事务所绘制，而且，还是分开编辑保管的。但是，不管怎样，与槇文彦先生合作的景观设计，只有景观与建筑的内部空间结合在一起才有效果。所以，建筑平面与景观设计就必须放在一起，否则便看不到那些根本性的东西。

建筑与景观在现实中，是相互呼应的，但有些记述，并不只限于现代工程项目，特别是谈到日本建筑的中间领域时，所谓"缘"空间的重要性，以及同时描绘出建筑与庭园的建筑史、园林史的教科书也很少。根据研究方向，同样的庭园，从不同的视角，建筑学会与造园学会、景观学会碰面的机会也很少。这就意味着，以这种意念工作的，只有建筑师西泽文隆绘制的寺社庭园的实测图。

该实测图刊登在《建筑与庭园》（西泽文隆"实测图"集刊行委员会，建筑资料研究社，1997年），对于景观设计来讲，我认为，它有着非常大的影响。

我们现在继承的现代主义建筑，也在倡导流动空间、强调建筑的通透性，以及室内外空间的一体化。但是，密斯的"巴塞罗那展览馆"，是建在倾斜的绿地之上的，而这些，从平面图中是看不出来的。西德拉（音译）的许多住宅方案，他自己在草图中，会将庭园一起绘制出来，但是，此后的教科书中，却将建筑平面抽出，非常遗憾。现代建筑师常常接受的训练，是要将室内外空间的关系一起考虑，建筑将要处于什么样的环境中，也是非常清楚的。

在国内外的众多建筑师中，今天我们有机会，能与有代表性的建筑师合作，真是感慨万分。像槙文彦那样，能与景观设计平等交换意见，沟通建筑的特质的建筑师也很少。这样说来，槙文彦对景观的要求，也绝不是简单的绿化，而是要针对他的建筑及自然环境，创造出一个高水准的作品。从前面对话所形成的氛围来看，建筑的内部与外部是同等重要的。对于景观来讲，槙文彦也是一位正面继承现代建筑，同时，又努力发掘自身文化特质的建筑师。

在现在这一时点，槙文彦先生的工作仍在进行之中，与往常一样，建筑的设想与景观的构思也在相互交流，槙文彦的建筑对景观都提出了哪些要求？景观又对建筑有些什么疑问？而作为景观设计师的我，也正在接受着新的挑战。

三谷彻

作者介绍

■编著者

槙文彦（建筑师）

1928年生于东京。1952年东京大学工学部建筑学科毕业，哈佛大学研究生院硕士毕业。此后，曾在哥伦比亚大学、哈佛大学持教。1965年创立槙综合计画事务所，1979~1989年任东京大学教授，现任槙综合计画事务所法人代表。

从立正大学、庆应大学等学校的校园规划开始，用了25年，对代官山集合住宅进行了不间断的设计。现在，在国内外都非常活跃，主要著作有：《看得见的都市》（共著，1980年）、《记忆的继承》（1992年）等。

三谷彻（景观设计师）

1960年生于静冈县。1985年东京大学研究生院建筑学专业硕士毕业，1987年哈佛大学景观设计硕士毕业。曾在B&M事务所、佐佐木景观设计事务所等工作，现任千叶大学环境造园学教授，同时经营设计事务所。工学博士。

主要作品有："风之丘"、"品川中央公园"、"Honda与光大厦"等。主要著作有：《阅读风景之旅》（1990年）、《现代景观设计——建筑·景观·城市一起综合考虑的设计》（共著，2010年）等。

■嘉宾

篠原修（土木工程师）

1945年生于栃木县。1971年东京大学研究生院硕士毕业。曾任东京大学农学院林学专业助教、建设省土木研究所、东京大学农学院林学副教授、东京大学工学院土木学科副教授、教授。2006年任政策研究大学院大学教授、东京大学名誉教授。工学博士。

曾指导设计胜山桥、油津堀川运河、桑名住吉入江、津和野川、苫田水坝等工程项目。主要著作有：《日本的水景——持续着的风景》（1997年）、《土木设计论》（2003年）、《篠原修谈日本的城市——传统与现代》（2006年）等。

戴维·巴克（David Buck，景观设计师）

1962年生于英国，曼彻斯特大学景观设计专业硕士毕业。曾在神户大学进行城市空间方面的研究，并在日建设计（大阪）、凯瑟琳·古斯塔夫事务所（伦敦）工作。现在，主持戴维·巴克景观设计事务所，东伦敦大学景观设计研究生课程主任。

主要作品："大阪市立大学美狄亚广场"（日建设计）、"现代艺术利物浦双年展"（david buck Landscape architects）。主要论著有：《亚洲现代建筑》（2006年）、《混乱的回应》（2000年）等。

北川FURAMU（艺术家）

1946年生于新潟县。1974年东京艺术大学美术学科毕业。

1978年"卡乌迪展"在全国11个地方巡回展览，1980年"为了儿童的版画展"在全国以中、小学为中心巡回展，1988年"国际美展"在全国194个地方巡回展出，"大地艺术节、越后妻有2000、2003、2006、2009"，"濑户内国际艺术节2010"。现在，任艺术策展画廊代表，女子美术大学艺术学科教授，地中美术馆综合指导。

代表性作品"立川艺术计画"等。主要著作有：《阅读卡乌迪》（共著，1984年）、《希望的美术·互动的梦——北川40年》（共著，2005年）等。

●照片摄影

畑拓（彰国社） 19、28、35、38、40、44、45、54、60、61、73、74、76、79（上）、80、81、83、98（下）、117、121、122、123、130、134、167、168、172、174、175、180、181、182、184、188、190、191、194

北岛俊治　132

John Stoel　144

●照片提供

三谷彻　10、23、25、31、32、33、47、53、69、79（下）、138、183

水岛信　12

筱原修　98（上）、104

●图版制作协助

千叶大学绿地环境学科庭院设计学研究室